몸과 마음을 달래는 식물 테라피

내추럴 뷰티 레시피

화학성분 없이 식물성 천연 재료로 집에서 만들기

BM 성안북스

이 책은 우리 몸을 보다 아름답게 가꾸는 일반적인 내용을 설명하고 재미와 흥미를 제공하기 위해 쓰였으며, 각종 피부 질병이나 피부 상태를 진단 및 치료하거나 예방하는 데 있지 않습니다. 또한 의사가 내린 진단이나 처방을 대신하는 용도로 사용하기 위함도 아닙니다. 이 책에 소개된 뷰티 레시피는 임상 시험을 거치지 않았습니다. 따라서 피부에 문제가 의심된다면 의사의 도움을 받기를 권합니다. 책에 나오는 방법을 따라 하는 것은 좋지만, 결과는 온전히 스스로 책임져야 한다는 것을 알려드립니다. 의심스러울 경우에는 알레르기 반응 검사를 추천합니다. 출판 당시 작가와 출판사는 정확한 정보만을 싣고자 최대한 노력했지만 우리가 선택한 내용에 대한 보증이나 보장도 할 수 없다는 점을 밝힙니다. 따라서 출판사와 작가는 본 책의 사용으로 인해 일어난 신체적, 심리적, 감정적, 경제적 또는 간접 손해를 포함한 상업적 피해 등에 대해 법적인 책임을 지지 않음을 분명히 말씀드립니다. 책에 사용한 각종 용어 등의 출처는 정보 제공을 목적으로 표시한 것으로 해당 자료에 대한 홍보가 아님을 알려드립니다.

일상에 지친 우리의 몸과 마음을 달래는 식물테라피

사람은 자연의 일부이고 생명의 근원인 자연의 중심에는 녹색식물이 있습니다.

녹색식물은 우리에게 음식이자 화장품의 원료이며,

몸이 아플 때 치료를 위한 의약품으로 쓰이기도 합니다.

그렇기에 사람들은 도시의 삶 속에서도 자연적인 것을 동경하며,

초록 숲속의 힐링을 꿈꾸고 있는지도 모르겠습니다.

이 책『몸과 마음을 달래는 식물 테라피, 내추럴 뷰티 레시피』에 소개된,

녹색식물인 허브가 지니고 있는 다양한 가치와

올리브나 아보카도와 같은 슈퍼푸드의 유효작용을 효과적으로 활용한 천연성분 레시피로

일상에 지친 우리의 몸과 마음을 위로하는 테라피를 경험해보세요.

🌿 감수의 글

현대인은 보다 나은 삶을 위하여 끊임없이 무언가를 갈망한다. 풍성한 먹을거리와 편리한 교통 그리고 최첨단 의료 기술들은 우리의 삶을 풍요롭게 만들어가고 있지만, 여전히 우리에겐 무언가 허전함이 남는다. 사람들이 이렇듯 아무리 마셔도 채워지지 않는 듯한 갈증을 느끼는 이유는 무엇일까? 수천년 인류의 역사 속에서 수많은 현자들은 사람을 이렇게 정의하고 있다. "사람은 자연이다." 그렇다면 자연은 무엇일까? 어려운 질문일 수도 있지만 한 가지 분명한 것은 자연의 그 한가운데에 녹색식물이 있다는 것이다. 그렇기 때문에 사람들은 도시의 삶 속에서도 자연적인 것을 동경하며, 초록 숲속의 힐링을 꿈꾸는 것일지 모른다. 사람은 자연이기 때문이며, 자연의 근본은 식물이기 때문이다.

내추럴Natural 이라는 단어에 현대인들이 그토록 열광하는 것도 같은 이유일 수 있다. 한동안 유행처럼 번진 천연 화장품 만들기나 천연 DIYDo It Yourself 제품들이 인기를 끄는 이유 역시 보다 자연에 가까운 삶을 추구하고자 하는 사람들의 열망 때문일 것이다. 그런데 주변에서 쉽게 찾아볼 수 있는 자연주의Naturalism나 내추럴Natural, 천연을 표방하는 제품이나 서비스를 대표하는 색은 단연 녹색이다. 하늘색이나 흙색을 쓸 수도 있는데 왜 굳이 녹색을 사용하는 것일까? 왜냐하면 자연의 중심에는 바로 식물이 있기 때문이다. 녹색식물은 우리에게 음식이자 화장품의 원료이며, 몸이 아플 때에 치료를 위한 의약품으로 쓰이기도 한다. 만일 이러한 식물이 없이 사람이 단하루라도 살 수 있다면 그 자체가 기적일 것이다.

21세기를 살아가는 지금 수많은 합성 화학물질들에 노출되어 다양한 질병들이 생기고 피부가 민감해지는 사람들은 자연스레 식물성 원료를 사용한 내추럴 뷰티의 노하우를 찾는다. 이 책 '내추럴 뷰티 레시피'의 저자인 카린 번델과 니키 호퍼는 전작인 『식초 양말』에 이어 유럽에서 사용되고 있는 다양한 뷰티 관련 허브 활용법들을 모아 이 책을 저술하였으며, 다양한 식물성 원료Phyto-Resource를 이용한 뷰티 케어 방법들을 소개하고 있다. 국내에도 천연제품이나 화장품을 다루는 서적들이 많이 발간되어 있지만 합성 유화제나 방부제를 사용하고 있거나 가공된 원료를 사용하여 실제로 천연 제품이라는 말이 무색한 경우들이 많다. 하지만 이 책에 제시된 레시피들은 가공된 원료나 인공제품들이 필요하지 않으며, 순수하게 자연에서 얻을 수 있는 원료들을 활용하여 간단하며 효과적인 방법들을 제시하고 있다. 일반인들도 손쉽게 따라할 수 있는 레시피들로 구성되어 있어 초보자에게도 추천하고 싶은 도서이다. 최근에는 식물이 지니고 있는 유효성분인 파이토케미컬Phyto-chemicals과 영양성분Phyto-nutrients들에 관심이 많아지고 있다. 이러한 성분들을 활용하여 다양한 제품과 서비스를 제공하는 전문가인 국제 허벌리스트나 파이토테라피스트가 비즈니스 현장에서 사용하는 방법들이나 레시피와도 매우 유사한 내용들이 본 저서에 담겨 있다.

저자가 소개하고 있는 다양한 뷰티 레시피들은 녹색식물인 허브가 지니고 있는 다양한 가치를 활용하고 있으며, 주로 올리브나 아보카도와 같은 슈퍼푸드 고유의 유효작용을 효과적으로 활용하고 있다. 한 가지 독자들이 참고해야 할 점이 있다면, 천연재료들을 사용하고 있어 유통 기한이 짧거나 그때그때 만들어 사용해야 하는 레시피들이 있으므로 레시피 하단의 유통 기한이나 보관상의 주의사항을 꼭 참고하길 바란다. 특히 오일은 유통 기한이 짧고 쉽게 산패되는 특징을 가지고 있어 보관상의 주의가 필요하다. 피부가 민감한 경우 레시피에 제시된 에센셜 오일 자체에도 자극을 느낄 수 있으므로 만일 자극이 있다면 전문가와 상의하여 사용법과 적용량을 조절하는 것이 좋겠다. 기타 주의사항들은 감수자 주 부분을 참조하면 될 것이다.

사진작가로서 저자가 직접 담아낸 아름다운 이미지들은 이 책의 또 다른 즐거움이다. 독자들에게 제시된 레시피들을 쉽게 이해할 수 있도록 도움이 될 뿐만 아니라 시각적인 즐거움까지 얻을 수 있다. 이 책에 나온 레시피들은 생활 속에서 손쉽게 따라할 수 있으며, 친환경 생활과 아름다운 건강을 위해 더없이 좋은 방법들이다. 사용 방법이 너무 간단하다고, 그 효과를 의심을 할 필요는 없다. 'Simple is Best'. 많은 재료를 사용하거나 그

공정이 복잡하다고 반드시 좋은 것은 아니다. 사용되는 원료의 품질만 좋다면 가장 심플한 사용 방법으로 최고의 효과를 얻을 수 있기 때문이다. 이 책의 저자는 우리가 원하는 가장 아름다운 모습을 자연에서 찾을 수 있다고 말하고 있다. 이 글의 서두에서 이야기한 '사람은 자연이다' 라는 말이 다시금 생각이 나는 이유이기도 하다. 끝으로 『식초 양말』에 이어 다시 한 번 감수의 즐거움을 선물해준 성안북스 관계자분들께 깊은 감사를 드린다.

감수자 **유선옥**

차례

뷰티 레시피

• 일러두기 : 이 책의 모든 각주는 감수자 주며, 각 페이지 하단에 표기했다.

🌿 소개

오늘날 우리는 음식은 슈퍼마켓에서, 약은 약국에서 구입한다. 이 같은 분리 현상은 지극히 자연스럽게 보이지만, 사실 우리에게는 엄청난 손해이다. 자연 속 식물은 우리에게 너무나 많은 먹을거리와 약초, 꽃 등을 제공하며, 이들은 우리의 몸과 마음을 치유하는 데 다양한 방식으로 이용될 수 있기 때문이다. 이러한 천연 성분은 우리 몸에 쉽게 흡수되지만, 인공적으로 만들어진 성분의 경우 늘 그렇지는 않다. 이 책에서는 우리의 피부 및 신체를 위한 허브, 과일, 씨앗, 천연 오일 등의 재료를 이용함에 있어 마치 식사를 준비하듯 정성을 기울이고 있다. 종종 천연 화장품을 만들면서 먹어 보고 싶은 생각이 드는 건 바로 이 때문이다. 하지만 이번만큼은 우리 피부에 모든 것을 양보해 보는 건 어떨까!

🌿 들어가기전에

에센셜 오일은 반드시 믿을 만한 곳에서 구입하기를 권한다. 최상의 스킨케어 제품을 만들기 위해서는 오가닉 성분으로 저온에서 짜낸 캐리어 오일을 사용해야 한다. 캐리어 오일은 에센셜 오일의 피부 침투를 도와주는 식물성 오일로 반드시 냉장 보관해야 한다. 오일은 빛이나 공기와 접촉하는 즉시 질의 저하가 시작되기 때문이다. 에센셜 오일 역시 냉장 보관을 추천한다. 하지만 사용하기 최소 12시간 전에는 냉장고에서 꺼내 오일이 상온에 적응할 수 있도록 한다. 사용 기한은 구입 전 보관 기간에 따라 달라진다. 믿을 만한 곳에서 구입한 오일이라면 유통 기한은 병 위에 알아보기 쉽게 적혀 있을 것이다. 상온에 꺼내놓을 때는 직사광선을 피해 서늘한 곳에 둔다. 견과류 알레르기가 있는 경우에는 그레이프 시드 베이스 오일을 사용하면 된다. 한편 가열하거나 여러 가지 재료를 섞고 저을 때는 금속 대신 유리 용기를 사용한다. 완성된 오일과 크림의 보관 용기로는 어두운 색의 유리병이 좋다. 마스크팩의 경우 만든 즉시 사용하는 것이 좋고, 저장할 경우 냉장고에 두고 24시간 내에 사용한다. 제품을 완성하고 나서는 반드시 일부 부위(팔꿈치 등)에 테스트를 하여 알레르기 반응은 없는지 확인한다. 또 희석되지 않은 에센셜 오일을 피부에 직접 사용해서는 안 된다.

영유아 및 임신부가 에센셜 오일을 사용할 때는 사용법과 용량이 달라지며, 일부 오일은 사용이 제한된다. 임신 중이거나 영유아를 대상으로 제품을 사용할 때, 또는 알레르기가 있는 경우 전문가의 조언을 구해야 한다. 이 책에 소개된 뷰티 레시피 및 각종 오일과 에센셜 오일은 모두 저자가 선호하는 것이다. 따라서 독자 입장에서는 개인 취향대로 일부 재료를 다른 것으로 대체하고자 할 수도 있다. 98-103페이지에 이 책의 뷰티 레시피에 사용된 모든 재료의 성분이 기술되어 있다. 비즈왁스의 경우 62~64℃에서 녹는다. 전체적인 과정에 익숙해질 때까지는 온도계를 사용하는 것이 좋다. 각종 오일과 왁스를 녹이는 과정에서는 필요한 열보다 더 많은 열을 가하지 않도록 주의한다. 비즈왁스에 오일을 섞을 경우 온도는 70℃ 이상이 되어서는 안 된다. 비즈왁스와 오일이 모두 섞이고 나면 불을 끈다. 최고의 품질을 위해서는 재료에 물(또는 알로에베라 같은 액체 물질)을 섞는 경우, 가열되고 나서 50℃ 정도로 완전히 식고 난 후에 거품기를 사용하여 섞어준다. 에센셜 오일을 넣을 때는 혼합물의 온도가 대략 40℃ 수준으로 떨어지고 나서 첨가한다. 한편 바디 스크럽은 미끄러울 수 있다. 따라서 욕조나 샤워 부스에서 사용할 경우 미끄러지지 않도록 특별한 주의를 기울인다.

계량에 대해

레시피에 소개한 계량 단위는 국내 독자를 위해 밀리리터로 변환하였으며, 좀 더 정확한 계량을 위해 원서의 액량 온스와 컵계량도 병행하여 표기하였다.

1컵은 240ml이다. 우리나라에서는 보통 1컵이 200ml로 사용되니 유의하여 계량한다.

노화를 막아주는
로즈 페이셜 오일

ANTI-AGEING ROSE FACIAL OIL

준비물

로즈힙 오일 2큰술
아보카도 오일 1/2작은술
로즈 앱솔루트 에센셜 오일 6방울

개인적으로 내 피부에는 이 영양분의 페이셜 오일이* 무척 잘 맞는다. 건조한 피부에 탁월한 효과가 있는 것은 물론 항산화 성분까지 함유하고 있기 때문이다. 정말 좋아하지 않을 수가 없는 오일이다. 이 로즈 오일을 사용하는 순간, 여러분의 피부에도 장밋빛 앞날이 펼쳐질 것이다!

-니키

만드는 과정

작은 병에 세 종류의 오일을 분량만큼 모두 넣고 잘 섞으면 완성된다. 아주 간단하다. 매일 아침 저녁, 세안 후에 바르면 된다. 이 오일을 친구에게 선물하고 싶다면, 평범하게 '로즈 오일'도 좋지만 좀 특별하게 '신비로운 마법의 페이셜 오일'이라는 이름을 붙여보는 건 어떨까?

성분별 효능

단백질과 지방이 풍부한 아보카도 오일은 건조한 피부에 제격이다. 또한 비타민 C, E, K와 마그네슘 및 칼륨도 다량 함유하고 있다. 로즈힙 오일은 필수지방산 함량이 높으며, 손상된 피부 조직 재생에 도움을 준다. 또 피부 깊숙이 침투하여 콜라겐 생성을 촉진하며, 보습 및 항염, 상처 치료와 흉터 완화에도 효과가 있다. 로즈 앱솔루트 에센셜 오일은 항균, 항바이러스 및 항경련 작용을 한다. 또한 피부의 활기를 증진하여 건강한 안색을 되찾는 데 좋은 것으로 알려져 있다.

사용 기한
4개월
서늘하고 어두운 곳에 보관

* 페이셜 오일 사용 시에는 3~4방울 정도만 소량 떨어뜨려 부드럽게 얼굴에 펴 발라준다.

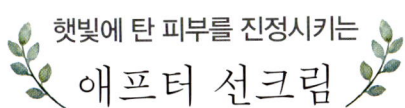

햇빛에 탄 피부를 진정시키는
애프터 선크림

COOLING
AFTER-SUN
CREAM

준비물

비즈왁스 1큰술
밀배아 오일 50밀리리터
(1¾ 액량 온스 또는 약 ¼컵)
호호바 오일 50밀리리터
(1¾ 액량 온스 또는 약 ¼컵)
알로에베라젤 100밀리리터
(3½액량 온스 또는 약 ½컵)
식물성 글리세린 1작은술
레몬주스 5방울
임모르텔 에센셜 오일* 18방울
프랑킨센스 에센셜 오일 18방울
페퍼민트 에센셜 오일 8방울
로즈 오또 에센셜 오일 6방울

사용 기한
1개월
냉장 보관

햇볕에 타면 무척 고통스러워 효과가 바로 나타나는 진정제를 찾게 마련이다. 알로에베라에 피부 치료 기능이 함유된 첨가물을 섞어 사용하면 금세 열이 식는 것을 느낄 수 있을 것이다.

－카린

만드는 과정

비즈왁스를 용기에 담고 액체가 될 때까지 낮은 불에서 중탕으로 녹인다. 같은 방식으로 호호바 오일, 밀배아 오일, 글리세린을 함께 넣고 가열하여 부드럽게 섞어주는데, 이때 열을 지나치게 많이 가하지 않도록 주의한다. 비즈왁스의 온도가 오일 혼합물 온도와 같아지면 둘을 합쳐 잘 섞어준다. 내용물이 골고루 섞이고 나면 바로 불을 끈다. 그리고 다 식을 때까지 조심스레 저어준다. 별도의 용기에 알로에베라와 레몬주스를 함께 넣고, 역시 중탕으로 약 45℃가 될 때까지 약하게 가열한다. 비즈왁스와 오일 혼합물을 섞은 것이 우유빛깔을 띠기 시작하면, 따뜻해진 알로에베라를 넣고 거품기로 잘 섞어 나만의 크림을 완성한다. 이때 두 내용물이 유화, 즉 골고루 잘 섞이는 것이 중요하다. 크림의 농도가 원하는 수준으로 맞춰지면 네 가지 에센셜 오일을 모두 넣어 다시 한 번 잘 저어준다. 이후 바로 작은 병에 담아 보관한다.

성분별 효능

호호바 오일과 밀배아 오일은 모두 비타민 E가 풍부하며, 항염 및 상처 치유 효과가 있다. 알로에베라는 항염 및 항균, 항바이러스 작용을 하며 보습과 세포 재생 기능을 한다. 여기에 레몬주스는 방부제 역할을 한다. 임모르텔, 프랑킨센스, 로즈 오또 에센셜 오일은 모두 상처 및 흉터 치유에 도움이 되며 세포 재생 효과가 있다. 페퍼민트는 강력한 진통제 역할을 하며 열을 식혀주고 혈류 속도를 촉진한다. 식물성 글리세린은 수분 공급, 비즈왁스는 보습 작용을 한다.

* 임모르텔 에센셜 오일은 에버라스팅(everlasting) 또는 헬리크리섬(Helichrysum) 에센셜 오일이라고도 한다.

촉촉한 입술을 위한
립 스크럽

LIPSTICK-READY LIP SCRUB

입술이 건조하고 갈라져 있으면 계속 신경이 쓰인다. 특히 남들의 시선을 압도하는 강렬한 붉은색 립스틱을 바르고 싶을 때 입술 상태가 좋지 않으면 더욱 그렇다. 개인적으로 나는 좀 강하고 자신감 넘치는 스타일을 좋아하는 편이다. 내게 있어 선명한 붉은색 립스틱은 사람들에게 보내는 일종의 신호이다. '들어보세요. 제가 할 말이 있어요.'라는 무언의 신호. 그리고 신호는 늘 성공적으로 사람들의 이목을 끈다. 하지만 마치 뱀의 중간 비늘처럼 뻣뻣하고 건조한 입술에는 붉은색 립스틱을 예쁘게 바를 수가 없다. 그러나 전혀 걱정할 필요가 없다. 주위에서 쉽게 구할 수 있는 재료 몇 가지만 간단하게 섞어 바르면 건조한 입술도 금세 촉촉하게 바뀔 수 있으니까!

−니키

준비물

브라운 슈가 2큰술
꿀 1큰술
올리브 오일 1큰술

만드는 과정

모든 재료를 한데 넣고 잘 섞는다. 이것을 입술 위에 발라 마치 새 입술처럼 보드라운 느낌이 들 때까지 살살 문질러 닦는다. 생긴 각질은 물로 충분히 헹궈낸다. 이후 립스틱을 바르기 전, 보습용 립밤(p.91 참조)을 먼저 발라 붉은색을 더욱 또렷하고 선명하게 보이도록 하면 좋다.

성분별 효능

브라운 슈가(황설탕)는 훌륭한 각질 제거제 역할을 한다. 꿀은 상처 치료 효과가 있으며, 항미생물 및 항균 성분을 포함하고 있다. 올리브 오일은 항균, 항염 작용을 하며 피부를 보호하고 피부에 각종 영양분을 공급해준다. 또한 비타민과 항산화 성분, 미네랄이 풍부하다.

사용 기한

만든 즉시
모두 사용

진정 작용을 하는
참나무 족욕

SOOTHING
OAK
FOOT BATH

준비물

참나무 껍질 3큰술
찬 물 1리터(34액량 온스 또는 4컵)

그리 멀지 않은 옛날, 켈트족의 드루이드교 성직자들은 참나무로 지팡이를 만들었는데, 이는 인내와 강인함을 나타내는 상징이었다. 참나무의 진가를 익히 알고 있었던 성직자들은 지팡이 같은 도구를 만드는 데 그치지 않고, 참나무 숲에서 종교적 의식을 진행하며 나무를 통해 신의 음성을 듣고자 노력했다. 그리고 그 음성은 오늘날까지 들리는 듯하다. 참나무 껍질은 신비한 마법을 지니고 있다는 하늘의 음성. 그렇다. 진정 작용을 하는 참나무 껍질을 이용해 축축한 발에 족욕을 하면 금세 마법 같은 편안함이 찾아올 것이다.

—카린

만드는 과정

냄비에 참나무 껍질과 물을 넣고 끓인다. 뚜껑을 덮고 아주 낮은 불에서 30분 정도 가열한다. 따뜻한 물과 함께 족욕 준비를 한 뒤 우려낸 물을 욕조에 붓는다. 20분에서 30분 정도 족욕을 즐기고 나서 발을 말린 후 홈메이드 크림을 바르며 마무리한다.

성분별 효능

참나무 껍질은 땀을 억제하고 항균 및 항바이러스, 항염 효과가 있다. 또 수렴, 즉 얇은 막의 수축을 통해 피부를 보호하며 가려움을 완화하기도 한다.

사용 기한
1일
만든 즉시 모두 사용

매끈한 피부의 완성
초콜릿 무스
바디 크림

CHOCOLATE
MOUSSE
BODY CREAM

준비물

코코아 버터 4큰술
시어버터 2큰술
코코넛 오일 2큰술
코코아 파우더 2작은술
시나몬 가루 1작은술
유칼립투스 에센셜 오일 20방울

사용 기한
6개월
서늘하고 어두운 곳에 보관

디저트를 너무도 사랑하는 나는 식사를 마치고 난 후의 달콤한 사치를 결코 포기할 수 없다. 그런데 이 디저트는 먹는 데서 끝나지 않는다. 초콜릿 무스처럼 코끝에 스며드는 이 향긋한 냄새. 무척 맛있어 보이긴 해도, 사실 이건 디저트가 아니다!

–니키

만드는 과정

가장 중요한 것을 제일 먼저 – 우선 코코아 버터와 시어버터를 중탕으로 녹인다. 몇 번 저어주고 난 후 거의 다 녹으면 코코넛 오일을 넣는다. 이 세 가지가 완전히 액체 상태가 되면 불을 끄고 코코아 파우더와 시나몬 가루를 넣고 섞는다. 그리고 마지막으로 유칼립투스 에센셜 오일을 넣어 마무리한다. 모습으로 보나 냄새로 보나 한껏 구미를 당기는 맛! 하지만 우연이라도 찍어 먹어보는 건 금물이다. 완성된 혼합물을 잠시 그대로 둔 채 식힌다. 이후 고체 상태로 서서히 굳기 시작하면, 마치 초콜릿 무스처럼 버터 전체가 가볍고 폭신한 형태가 될 때까지 휘젓는다. 이때 거품기를 사용하면 가장 좋다. 자, 이제 목욕 후의 내 피부를 위한 최고의 디저트 완성! 매일매일 충분히 발라주면 된다.

성분별 효능

코코아 버터는 피부의 탄력을 개선하고 콜라겐 생성을 촉진한다. 시어버터는 항염 및 보습 효과가 있고, 피부의 자체 치유 기능을 보조하는 역할을 한다. 또 건선, 상처, 피부 흉터를 완화하는 데에도 도움을 준다. 코코넛 오일은 보습 효과가 뛰어나고 피부에 많은 영양분을 제공한다. 코코아 파우더는 항산화 물질이 풍부할 뿐 아니라 재감염을 방지하며 피부의 흉터와 지저분한 상처 부위를 치료한다. 시나몬의 경우 항균 효능을 가지고 있다. 몸에 생기를 불어넣는 유칼립투스 에센셜 오일은 일반적으로 몸을 정화하는 기능을 하며, 이 크림의 신선함을 더욱 북돋우는 역할을 한다.

완벽한 클렌징
페이셜 오일

CLEANSING
FACIAL OIL

준비물

코코넛 오일 4큰술
캐스터 오일 1큰술
로즈힙 오일 1작은술
라벤더 에센셜 오일 20방울
캐모마일 블루 에센셜 오일 또는 캐모마일
로만 에센셜 오일 10방울

사용 기한
4-6개월
서늘하고 어두운 곳에 보관

클렌징 오일을 처음 접하는 사람이라면 다소 낯설게 느껴질 수 있다. 하지만 고대부터 사용되었던 이 오일의 탁월한 효과를 경험하는 순간, 다른 클렌징 제품에는 더 이상 손이 가지 않을 것이다. 영양분 공급의 베이스 역할을 하는 코코넛 오일이 캐스터 오일과 만나면 피부를 정화하고 닦아내는 역할을 한다. 오래지 않아 한결 좋아진 피부를 느끼게 될 것이다.

–카린

만드는 과정

코코넛 오일, 캐스터 오일, 로즈힙 오일을 모두 한데 넣고 몇 분 동안 잘 섞어준다. 이후 두 종류의 에센셜 오일을 한 방울씩 조심스럽게 섞는다. 뚜껑이 있는 유리병*에 담아 매일 사용한다. 사용할 때는 오일 혼합물을 손 위에 소량 떨어뜨린 후 얼굴을 약 4분에서 5분 동안 둥글게 원을 그리며 부드럽게 마사지한다. 이후 면으로 된 수건을 뜨거운 수돗물에 적셔 재빨리 짜낸 뒤 얼굴 위에 약 1분 동안 덮어두어 뜨거운 열기가 모공을 열어 피부 속 불순물이 씻겨 나가도록 한다. 그리고 나서 얼굴 위에 남아 있는 오일은 수건으로 부드럽게 닦아낸다. 이때 비누는 사용하지 않아도 된다. 한층 부드럽고 촉촉한 피부를 느낄 수 있을 것이다.

성분별 효능

코코넛 오일은 보습 효과가 뛰어나며 피부에 많은 영양분을 공급한다. 또 항균 및 항염 성분도 포함하고 있다. 캐스터 오일은 피부 깊숙이 침투하여 불순물을 제거하고 콜라겐 생성을 촉진한다. 로즈힙 오일은 항산화 성분 함량이 매우 높으며 손상된 피부 조직을 재생하는 데 도움을 준다. 라벤더 및 캐모마일 블루 에센셜 오일은 모두 항염 및 항균, 항바이러스 작용을 하며 피부를 진정시켜주는 역할을 한다.

* 차광 유리병을 이용한다.

빛나는 머리결을 위한
헤어 린스

EMPRESS SISI'S SHINY HAIR RINSE FOR GIRL BOSSES

이 헤어 린스는 오스트리아 전통 방식에 의해 제조된 것으로 당시 시씨(Sisi)라 불리우던 엘리자베스(Elisabeth) 황후가 즐겨 사용하던 것이다. 시씨 황후는 뛰어난 미모와 특유의 카리스마로 명성이 자자한 인물이었다. 각종 운동은 물론 격렬한 승마를 즐겼던 그녀는 국사를 돌보는 바쁜 와중에도 유독 머릿결 관리에 집착했다. 매일매일 해야 할 일이 넘쳐나는 황후의 일상을 생각해본다면 정말 놀라지 않을 수 없는 부분이다. 이 헤어 린스는 풍성하고 빛나는 머릿결을 위해 시씨 황후가 즐겨 사용했던 것 중 하나이다. 여자 보스 같은 강렬한 모습을 보이고 싶은가? 그렇다면 이 린스를 만들어 써보길 바란다.

―니키

준비물

달걀노른자 2개
코냑 2큰술 반
정제되지 않은 생사과발효식초 1큰술 반

만드는 과정

달걀노른자와 코냑을 함께 넣고 부드러워질 때까지 휘젓는다. 머리를 감은 후 젖은 머리 위에 이 혼합물을 얹고 굵은 빗으로 빗어 내린다. 이후 미지근한 물로 한 번 헹궈낸다. 이후 두 번째로 헹굴 때는 물에 생사과발효식초를 섞는다(더 광채가 난다). 이렇게 하면 끝이다. 이게 바로 황후의 머릿결 관리법이다!

성분별 효능

달걀은 모발에 단백질과 탄력을 더해주어 고운 머릿결을 만들어준다. 코냑은 밝고 윤기 있는 머릿결을 만들어주며 머리숱이 풍성해지도록 돕는다. 생사과발효식초는 엉키고 건조하여 갈라진 머리를 부드럽게 펴주는 역할을 하며, 모발의 pH 균형을 잡아주어 더욱 윤기 있는 모발로 만들어준다.

사용 기한
만든 즉시 모두 사용

향기를 더해주는
데오도란트

DIY DEODORANT

준비물

비즈왁스 2큰술
시어버터 2큰술
코코넛 오일 2큰술
라벤더 에센셜 오일 30방울
사이프러스 에센셜 오일 8방울
레몬 에센셜 오일 8방울
티트리 에센셜 오일 8방울
세이지 에센셜 오일 8방울 (임신부는 사용
하지 않는다)

사용 기한
6-8개월
서늘하고 어두운 곳에 보관

'몸에서 나는 악취를 독성 없는 방식으로 제거한다.' 이것은 본 뷰티 레시피의 기본 모토이다. 이 책에 소개되어 있는 여러 가지 혼합물을 준비해둔 상태라면, 왼쪽의 준비물에는 대부분 친숙할 것이다. 만드는 과정에서 땀이 나는 일은 없을 테니 안심하길 바란다!

－카린

만드는 과정

비즈왁스를 액체가 될 때까지 중탕으로 가열한다. 별도의 냄비에 시어버터를 넣고 가열한 후 코코넛 오일을 추가하여 부드럽게 젓는다. 이때 과열되지 않도록 주의한다. 여기에 액체 상태의 비즈왁스를 넣는다. 혼합물이 잘 섞이고 나면 바로 불을 끄고 우유빛깔이 될 때까지 계속해서 섞어준다. 혼합물이 어느 정도 식고 나면, 계속 저으면서 다섯 가지 에센셜 오일을 모두 넣어준다. 이후 덜어서 사용하기 쉬운 용기에 재빨리 옮겨 담고* 완전히 식도록 둔다.

성분별 효능

비즈왁스는 땀구멍을 막지 않으며 항균 및 보습 효과가 뛰어나다. 시어버터 역시 보습 작용을 하며, 항염 및 상처 치료 효과가 있다. 코코넛 오일은 영양분을 공급해주며 항미생물, 항진균, 항균, 항염 효과가 있다. 라벤더, 티트리, 세이지 에센셜 오일은 모두 항균, 항바이러스, 항진균 작용을 한다. 세이지 에센셜 오일의 경우 땀을 억제하는 기능을 한다. 레몬 및 사이프러스 에센셜 오일은 모두 클렌징 및 수렴 작용을 하며, 사이프러스 에센셜 오일은 땀을 조절하는 기능을 한다.

---

*용기에 옮겨 담은 후 뚜껑을 바로 닫아 에센셜 오일 성분이 휘발되지 않도록 한다.

깨끗한 얼굴을 위한 기적의

 # 해바라기씨 마스크팩

BLEMISH-CURING SUNFLOWER SEED MASK

준비물

꿀 1작은술
올리브 오일 1작은술
해바라기씨 가루 60그램(2온스 또는 ½컵)

사용 기한

만든 즉시
모두 사용

피부는 우리 신체 중 가장 큰 장기로 좋은 것이든 나쁜 것이든 우리가 바르는 모든 것을 그대로 흡수한다. 그래서 나는 피부가 안전한 성분만을 먹도록 하자는 생각에 전적으로 동의한다. 이 팩은 안전한 성분만을 사용한다는 철칙하에 만들어진다. 이것은 민감한 피부의 불순물을 제거하여 청결함을 주는 데 도움을 줄 것이다.

−니키

만드는 과정

꿀을 중탕으로 따뜻하게 데운다. 부드럽고 묽은 형태가 되면 불을 끄고 올리브 오일을 넣는다. 두 가지 물질이 완전하게 섞일 때까지 부드럽게 저어준다. 여기에 해바라기씨 가루를 넣어 다시 섞는다. 이후 얼굴에 닿을 때 뜨겁지 않도록 혼합물을 충분히 식힌다. 깨끗하게 세안한 얼굴에 식은 혼합물을 두껍게 펴 바른 후 휴식을 취한다. 그럼 곧 마스크팩의 기적을 경험하게 될 것이다. 단, 맛있게 보인다고 팩을 먹는 것은 금물! 20−30분 정도 지나면 씻어내고 이 책에서 함께 만들어본 페이스 크림 중 하나를 골라 촉촉하게 보습해준다.

성분별 효능

꿀은 상처 치료 효과가 있으며 항미생물 및 항균 성분을 함유하고 있다. 올리브 오일은 항균 및 항염 효과가 있으며, 피부를 보호하고 피부에 각종 영양분을 공급해준다. 또한 비타민과 항산화 물질, 미네랄이 풍부하다. 해바라기씨는 비타민 A, B, E를 포함해 각종 비타민과 더불어 우리 몸에 이로운 지방산도 다량 함유하고 있다.

가려움과 비듬 방지를 위한

자작나무 영양제

ANTI-DANDRUFF BIRCH TONIC

준비물

생사과발효식초 250밀리리터(8½ 액량 온스 또는 1컵)
자작나무 잎 2큰술
시더우드 에센셜 오일 30방울

사용 기한
1개월
냉장 보관

여러분의 머리에 자작나무 회초리를? 물론 좋은 방식으로 말이다! 기운을 북돋아주는 자작나무 잎을 우려낸 물로 두피를 부드럽게 하고 비듬을 완화해보기 바란다.

−카린

만드는 과정

생사과발효식초를 냄비에 넣은 후 뚜껑을 덮고 끓인다. 컵에 자작나무 잎을 넣고 그 위로 가열한 생사과발효식초를 붓는다. 컵 위에 덮개를 올려놓고 약 15분 동안 우려낸다. 체에 받쳐 식초만 걸러내 충분히 식힌 다음 시더우드 에센셜 오일을 섞는다. 머리를 감은 후에 3−4큰술의 완성된 영양제를 두피 안쪽으로 부드럽게 문질러준다. 끝난 후에는 헹궈내지 않아도 된다. 남은 영양제는 유리병에 담아 보관한다.

성분별 효능

생사과발효식초는 항균, 항진균 효과가 있으며, 정화 및 클렌징 작용을 하여 천연 컨디셔너의 역할을 한다. 또한 두피 pH 농도의 균형을 잡아주는데, 이것이 중요한 이유는 건강에 해로운 제품이나 음식으로 종종 우리 몸이 불균형한 상태가 될 수 있기 때문이다. 자작나무 잎은 혈액순환을 원활하게 도와주며 가려움을 완화시켜준다. 시더우드 에센셜 오일은 상처 및 흉터 치료 효과가 있으며 피부 재생 기능도 한다. 또 진통제 성분도 포함하고 있으며 항균 및 항진균, 항염 효과도 있다. 자작나무 잎과 시더우드 에센셜 오일은 모두 비듬 방지 성분을 포함하고 있다.

커피 바디 스크럽

ENERGY-BOOSTING COFFEE BODY SCRUB

각종 놀라운 효능을 갖고 있는 커피는 단연 내가 가장 선호하는 재료이다. 이 뷰티 레시피에는 커피와 함께 내가 두 번째로 선호하는 향을 지닌 초콜릿을 섞어 전혀 새로운 것을 만드는 방법이 소개되어 있다. 그것은 바로 스크럽! 커피와 초콜릿, 지상 최고의 이 두 가지 재료는 여러분의 피부를 먹고 싶을 만큼 맛있고 향기롭게 만들어줄 스크럽으로 재탄생할 것이다.

—니키

준비물

코코아 버터 2큰술
코코넛 오일 2큰술
호호바 오일 2큰술
커피 가루 6큰술
코코아 파우더 2작은술
페퍼민트 에센셜 오일 20방울

만드는 과정

코코아 버터와 코코넛 오일을 중탕으로 천천히 녹인다. 녹으면 불을 끄고 호호바 오일을 넣고 섞는다. 여기에 커피 가루와 코코아 파우더를 넣고 저어준다. 마지막으로 페퍼민트 에센셜 오일을 넣는다. 피부가 아주 상쾌해질 것이다. 완성된 스크럽을 냉장고에 넣고 차갑게 하면 훨씬 상큼하게 느껴진다! 최대 일주일에 한 번 정도 스크럽을 온 몸에 바르고 문지른다. 마사지 후에는 반드시 물로 헹궈낸다. 스크럽을 하고 나면 한껏 충전된 에너지를 느낄 수 있으니 아침에 일어난 후나 외출 전에 하면 좋다.

성분별 효능

코코아 버터는 피부의 탄력을 더해주고 콜라겐 생성을 촉진한다. 코코넛 오일은 보습 효과가 뛰어나고 피부에 영양분을 공급한다. 호호바 오일은 피부 내 수분이 밖으로 빠져나가지 못하도록 막는 역할을 한다. 커피는 매력적인 향은 물론 혈액 순환을 개선하고 혈류를 촉진한다. 또한 커피의 작은 입자는 건조한 피부의 각질을 제거하는 데 안성맞춤이다. 코코아 파우더는 항산화 물질이 풍부할 뿐만 아니라 재감염을 방지하며 피부의 불순물을 제거하는 데 도움을 준다. 페퍼민트 에센셜 오일은 항염 작용을 하며 피부를 시원하게 만들어주고 혈류 촉진 및 해독 작용을 한다.

사용 기한
2주
냉장 보관

얼굴의 윤기와 영양에 탁월한

 # 라즈베리
마스크팩

NOURISHING RASPBERRY FACE MASK

신선한 라즈베리를 꾸준히 먹고 있지 않다면 지금 당장 시작해보기 바란다. 라즈베리는 몸에 무척 좋은 과일이니 말이다! 신선한 라즈베리의 탁월한 효과를 경험해보고 나면, 사람들이 왜 이것을 으깨 얼굴에 팩을 하는지 금세 알 수 있다. 쉽고 간단하게 만들 수 있는 라즈베리 마스크팩은 여러분의 피부에 윤기를 더해 줄 것이다!

−카린

준비물

신선한 라즈베리 10알

만드는 과정

여름철에 나는 신선한 라즈베리 10알을 준비한다. 냉동 라즈베리일 경우 사용하기 15−30분 전에 상온에 꺼내둔다. 라즈베리를 으깨 바로 얼굴에 바른다. 15분이 지나면 미지근한 물로 부드럽게 씻어낸다.

성분별 효능

라즈베리는 강력한 항산화 성분을 함유하고 있으며 항염 효과 역시 탁월하다.

사용 기한

만든 즉시
모두 사용

거칠어진 손을 위한
핸드로션

HARD-WORKING HAND LOTION

준비물

비즈왁스 ½큰술
코코아 버터 1큰술
시어버터 1큰술
코코넛 오일 1큰술
식물성 글리세린 ½작은술
따뜻한 정제수 2작은술
네롤리 에센셜 오일 12방울
재스민 앱솔루트 에센셜 오일 8방울

할머니 같은 손으로 고민하고 있다면 이 로션을 적극 추천한다. 내 손 역시 실제 나이에 비해 30년은 더 들어 보인다(약간의 과장이 섞인 것 같지만). 하지만 제 나이대로 보이지 않는다는 것만큼은 사실이다. 보통 손 쓰는 일을 많이 하는 나는 집안 수리는 물론 승마에 등산까지 하다 보니 손의 젊음을 유지하기란 결코 쉬운 일이 아니다. 그렇다고 손을 쓰며 즐긴 여러 가지 모험을 후회하지는 않는다. 다만 이제는 고생하는 내 손에게 보답을 해야 할 것 같다. 손에 영양을 듬뿍 주는 이 핸드로션으로 소중한 내 손을 가꾸어보자.

–니키

만드는 과정

비즈왁스를 중탕으로 약하게 가열한다. 여기에 코코아 버터를 넣는다. 이때 두 혼합물에 지나치게 많은 열을 가하지 않도록 주의한다. 바로 이어 시어버터, 코코넛 오일, 글리세린을 넣는다. 따뜻한 정제수를 넣고 잘 섞일 때까지 저어준 후 불을 끈다. 혼합물이 식는 동안 우유빛깔이 될 때까지 계속해서 저어준다. 이후 거품기를 이용하여 오일과 물이 잘 유화되도록 한다. 마지막으로 은은한 향을 풍기는 네롤리 에센셜 오일과 재스민 앱솔루트 에센셜 오일을 넣고 가볍게 저어준 후 유리병에 담는다. 완전히 다 식고 나면 수시로 발라 촉촉함을 유지한다.

성분별 효능

코코아 버터는 피부에 탄력을 더해주고 콜라겐의 생성을 촉진한다. 시어버터는 상처 치료와 항염 및 이 로션에 탁월한 보습효과를 가져다준다. 또 지저분한 신체 부위나 흉터를 완화하는 데도 도움이 된다. 코코넛 오일은 보습 효과가 있으며 피부에 영양을 공급해주고, 네롤리 에센셜 오일은 건조한 피부에 촉촉함을 더해준다. 재스민 앱솔루트 에센셜 오일은 그 향이 무척 좋을 뿐 아니라 근육 이완 및 진통제 효과가 있다. 또 피부에 각종 영양분을 공급해주며 상처 치료에도 좋다. 식물성 글리세린은 수분 공급, 비즈왁스는 상처 치료 및 보습 역할을 한다.

건강한 두피와 모발을 위한

네틀
헤어 영양제

NETTLE HAIR TONIC FOR STRENGTH & BALANCE

이 헤어 영양제는 따가운 느낌 없이 두피를 진정시키고 영양을 듬뿍 주어 여러분의 모발과 두피를 건강하게 만들어줄 것이다. 네틀과 생사과발효식초를 함께 섞으면 최고의 천연 헤어 영양제가 탄생한다.

−카린

준비물

네틀 잎 4작은술
끓는 물 500밀리리터(17액량 온스 또는 2컵)
정제되지 않은 생사과발효식초 2큰술

만드는 과정

네틀 잎에 끓는 물을 붓고 뚜껑을 덮은 후 15분간 우려낸다. 이후 체에 밭아 물만 걸러내 충분히 식힌 다음 식초를 넣는다. 머리를 감고 나서 이 물로 여러 번 헹구어내며 두피를 부드럽게 마사지한다. 이후 다시 물로 씻어낼 필요는 없다.

성분별 효능

네틀은 여러 가지 비타민과 미네랄이 풍부하여 각종 영양분을 공급해주고 모근을 강화시켜준다. 또 혈액 순환 개선에도 도움이 되고 두피의 가려움을 완화시켜주며 모발의 성장을 촉진한다. 네틀은 항산화 성분 역시 다량 함유하고 있다. 생사과발효식초는 항균 및 항진균 효과가 있으며, 정화 및 클렌징 작용을 하여 천연 컨디셔너 역할을 한다. 또한 두피 pH 농도의 균형을 잡아주는데, 이것이 중요한 이유는 건강에 해로운 제품이나 음식으로 종종 우리 두피가 불균형한 상태가 될 수 있기 때문이다.

사용 기한

만든 즉시
모두 사용

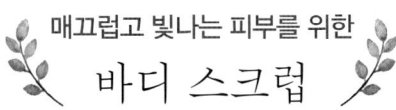

바디 스크럽

'HOLIDAY GLOW' SEA SALT BODY SCRUB

소금기 가득한 바닷물에 몸을 적시고 나면 이내 피부는 매끈한 구릿빛으로 변하곤 한다. 화창한 여름날, 바다가 내게 주는 최고의 선물이 아닐 수 없다. 하지만 이 스크럽을 사용하면 굳이 먼 카리브해까지 가지 않고도 비슷한 느낌을 경험해볼 수 있을 것이다. 피부를 한층 빛나고 윤기 있게 만들어주기 때문이다. 물론 선탠 효과는 기대할 수 없겠지만. 하긴 요즘 같은 21세기에 선탠을 즐기는 사람이 얼마나 되겠는가? (이건 정말 중요한 조언이다. 자외선 차단제를 꼭 발라 피부를 보호해야 한다!)

−니키

준비물

코코넛 오일 1큰술
아보카도 오일 2큰술
바다소금 3큰술
페퍼민트 에센셜 오일 10방울
유칼립투스 에센셜 오일 5방울
레몬 에센셜 오일 3방울
세이지 에센셜 오일 3방울 (임신부는 사용하지 않는다)

만드는 과정

코코넛 오일을 중탕으로 녹인다. 부드러워지고 나면 불을 끄고 아보카도 오일을 넣은 후 잘 섞어준다. 혼합물이 식으면 바다소금을 넣고 네 가지 에센셜 오일을 조심스레 떨어뜨린 후 잘 섞어준다. 이후 혼합물을 유리병에 담아 서늘한 곳에 보관한다. 일주일에 한 번 전신에 발라 마사지하듯 문지르고 나면 여러분의 피부는 한층 부드럽고 빛날 것이다. 단, 마지막에는 반드시 물로 헹구어내야 한다.

성분별 효능

코코넛 오일은 보습 효과가 뛰어나고 피부에 영양분을 공급해준다. 아보카도 오일은 단백질과 지방 함량이 많아 피부와 모발을 건강하고 촉촉하게 유지시켜준다. 또 건조한 피부에 탁월한 효과를 보이며 비타민 C, E, K는 물론 마그네슘과 칼륨도 무척 풍부하다. 바다소금은 살균제 역할을 하며 미네랄이 매우 풍부하다. 페퍼민트 에센셜 오일은 집중력을 높여주며 에너지를 북돋아준다. 유칼립투스 에센셜 오일은 원기를 끌어올리고 몸을 일반적으로 정화하는 역할을 한다. 세이지 에센셜 오일의 경우 몸의 활기를 회복시켜주고 땀을 억제하며 항균, 항바이러스 및 항진균 작용을 한다. 또 상처 치료 및 피부 재생 효과도 있다. 레몬 에센셜 오일은 클렌징 기능을 하고 비타민 C의 함량이 높다.

사용 기한
4-6개월
서늘하고 어두운 곳에

천국에나 있을 법한
페이스 크림

HEAVENLY FACE CREAM

준비물

비즈왁스 1큰술
시어버터 1큰술
호호바 오일 2큰술 반
로즈힙 오일 2작은술
프랑킨센스 에센셜 오일 10방울
임모르텔 에센셜 오일 4방울
재스민 앱솔루트 에센셜 오일 2방울

사용 기한
4-6개월

시어버터와 호호바 오일은 고대로부터 피부 치료 및 보습에 탁월한 효과가 있다고 전해져 왔다. 각종 과실을 저온에서 짜낸 여러 가지 오일은 우리가 만드는 페이스 크림의 베이스 역할을 한다. 이 각종 오일에 탁월한 효능을 가진 몇 가지 성분을 섞으면 이미 향기만으로도 너무나 매력적인 크림이 탄생한다! 마치 천국에나 있을 법한 크림. 완성하고 나서도 스스로 만들었다고는 도저히 믿을 수 없을지 모르겠다.

－카린

만드는 과정

비즈왁스를 액체가 될 때까지 낮은 불에서 서서히 중탕으로 녹인다. 또 다른 용기에 시어버터를 담아 역시 중탕으로 가열한다. 중탕으로 녹인 시어버터에 호호바 오일과 로즈힙 오일을 넣고 부드럽게 저어준다. 이때 지나치게 열을 많이 가하지 않도록 주의한다. 비즈왁스가 모두 녹은 후, 비즈왁스와 오일 혼합물의 온도가 비슷해지면 오일 혼합물을 비즈왁스에 넣고 잘 섞어준다. 내용물이 골고루 잘 섞이고 나면 불을 끄고, 크림이 어느 정도 식은 후 우유빛깔로 변하기 시작할 때까지 계속해서 저어준다. 혼합물이 우유빛깔을 띠면 에센셜 오일 두 가지와 재스민 앱솔루트 에센셜 오일을 넣고 잘 섞는다. 이후 작은 병에 담아 보관한다.

성분별 효능

비즈왁스는 천연 유화제 및 방부제 역할을 하며, 상처 치료와 보습 효과가 있다. 시어버터 역시 상처 치료에 도움을 주며 항염 및 보습 효과가 있다. 호호바 오일은 피부의 모공에 있는 각종 불순물을 제거하며 항염 및 항균 작용을 한다. 또 상처 치료 효과가 있으며 비타민 E가 풍부하다. 로즈힙 오일은 항산화 물질의 함유량이 높고 수분 공급 효과가 뛰어나며 상처 치료에도 도움이 된다. 프랑킨센스 에센셜 오일 및 임모르텔 에센셜 오일은 새로운 피부 세포의 성장을 촉진하며 상처 치료 및 항염, 항균, 항바이러스 효과가 있다. 재스민 앱솔루트 에센셜 오일은 피부에 영양분을 공급해주며 상처 치료에 도움이 된다.

탈색·염색 등으로 손상된
모발을 위한

기적의 팩

DESERT-DRY HAIR MIRACLE MASK

준비물

아보카도 ½개
코코넛 오일 3큰술
아보카도 오일 2큰술
로즈마리 에센셜 오일 15방울

사용 기한

만든 즉시
모두 사용

머리에 아보카도를 바른다고 하면 너무 심한 게 아니냐고 생각할 수 있다. 내 경우가 그랬다. 하지만 머리를 탈색한 뒤 파스텔 핑크로 염색하고, 얼마 뒤 또 다시 탈색하여 민트 그린으로 머리 색을 바꾸고 나자, 팩을 먼저 하고 머리를 바꿀 걸 하고 무척 후회했던 기억이 있다. 그럼 미용사는 분명 이렇게 말했을 것이다. "머릿결이 무척 자연스러워 보이는데요." 만약 그랬다면, 그 효과는 전적으로 단백질이 풍부한 이 헤어 팩 덕분이라고 할 수 있다.

−니키

만드는 과정

아보카도 반쪽의 껍질을 벗기고 으깬 다음 한쪽에 놓는다. 다음으로 코코넛 오일을 중탕으로 녹인다. 완전히 녹고 나면 불을 끄고 아보카도 오일을 넣고 저어준다. 여기에 으깬 아보카도를 넣어 잘 섞는다. 모든 재료가 부드럽게 섞이고 나면 로즈마리 에센셜 오일을 한 방울씩 조심스레 떨어뜨린다. 머리를 미리 감을 필요 없이 완성된 헤어 팩을 머리에 직접 바른 후 샤워캡을 쓰고 뜨겁게 만들어둔 수건으로 캡을 감싼다. 이렇게 하고 기다리면 된다. 다음 번에는 무슨 색으로 염색을 할까 신나는 상상을 하면서! 이렇게 약 20분 동안 팩을 한 후 캡을 벗고 굵은 빗을 사용해 빗어 준다. 다소 과하게 스며들었다고 느껴질 경우에는 꼼꼼하게 헹구어낸다. 헤어 드라이기를 사용하면 머리가 다시 건조해질 수 있기 때문에 마치 바닷바람에 말린 듯 자연스럽게 말리는 것이 좋다.

성분별 효능

아보카도는 단백질과 지방은 물론 비타민 C, E, K 등이 풍부하여 모발에 영양을 더해준다. 코코넛 오일 역시 모발에 영양분을 공급해주며 보습 작용을 한다. 로즈마리 에센셜 오일은 두피의 피지를 조절해주고 혈류를 촉진한다.

피로하고 부은 눈을 위한
슬라이스 감자

SOOTHING POTATO SLICES FOR TIRED, PUFFY EYES

준비물

2-5밀리미터 두께의 슬라이스 감자

구워 먹기도 하고 쪄 먹기도 하는 감자. 곁들인 음식으로도, 또 메인 요리로도 손색이 없다. 그런데 아무런 조리도 하지 않은 생감자 역시 주인공 역할을 할 수 있다는 사실은 과연 누가 생각해낸 것일까? 붓고 피로한 눈 위에 감자를 올려보자. 세로로 길게 썰 것인지, 가로로 썰 것인지만 결정하면 된다.

-카린

만드는 과정

감자를 2-5밀리미터 두께로 썰고 한 조각씩 양쪽 눈 위에 올려놓는다. 15분 정도 후에 따뜻한 물론 헹구어낸다. 하루에 한두 번 반복해서 해준다.

성분별 효능

감자는 항염 및 해독, 재감염 방지 효능이 있으며 진정 작용을 하고 충혈을 완화해준다. 칼륨 및 비타민 B, C 함유량이 높으며 칼슘과 철 성분도 가지고 있다.

사용 기한

만든 즉시 모두 사용

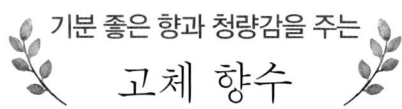

기분 좋은 향과 청량감을 주는
고체 향수

SOLID WAX PERFUME

준비물

비즈왁스 1큰술
코코넛 오일 1큰술
로즈 앱솔루트 에센셜 오일 7방울
시더우드 에센셜 오일 7방울
버가모트 에센셜 오일 7방울
재스민 앱솔루트 에센셜 오일 5방울
블랙 페퍼 에센셜 오일 2방울

사용 기한
1년
서늘하고 어두운 곳에 보관

우리가 이 향수를 좋아하는 이유는 단지 달콤한 향 때문일까, 아니면 고체 형태이기 때문일까? 그건 사람마다 다를 것이다. 이 향수의 왁스 농도는 작은 용기에 담아두기 제격이고, 또 지갑 속에 쏙 넣어둔 채 향이 모두 날아가면 언제든지 새것으로 채워둘 수도 있다.

—니키

만드는 과정

비즈왁스를 중탕으로 녹인다. 거의 다 녹으면 여기에 코코넛 오일을 넣는다. 부드러운 액체 상태가 될 때까지 가볍게 저어준다. 이후 불을 끄고 에센셜 오일을 하나씩 차례로 넣은 후 조심스레 저어준다. 액체 상태의 향수가 굳기 전에 원하는 모양의 용기에 부어준다.* 간단하게 소량의 향수를 피부에 살짝 비벼 부드러운 향을 즐긴다.

성분별 효능

비즈왁스는 보습 효과가 뛰어나다. 코코넛 오일 역시 보습 효과가 탁월하며 피부에 영양분을 공급해준다. 이 고체 향수가 풍기는 달콤한 향의 기본 재료가 바로 코코넛 오일이다. 여기에 베이스 노트**로 사용되는 로즈 앱솔루트 에센셜 오일이 더해져 향기로운 꽃 내음이 풍겨오는 것이다. 재스민 앱솔루트 에센셜 오일의 경우 우리 마음의 긴장을 풀어 다시금 생기를 더해주는 역할을 하여, 향수에 없어서는 안 될 재료이다. 시더우드 에센셜 오일 역시 베이스 노트로 사용되며 기분을 좋게 만들어준다. 톱 노트**로 사용되는 버가모트 에센셜 오일은 긴장을 풀어 기분을 좋게 해주며, 종종 오 드 코롱에 사용되기도 한다. 미들 노트**에 사용되는 블랙 페퍼 에센셜 오일은 강한 듯하면서도 은은한 나무 향을 머금고 있어 기분 좋은 청량감을 전해준다.

* 용기에 부은 후 뚜껑을 바로 닫아 에센셜 오일 성분이 휘발되지 않도록 하고, 고체 향수가 충분히 굳은 뒤에 체온으로 녹이듯 살짝 비벼 사용하도록 한다.

** 톱 노트는 향수를 뿌린 직후부터 약 15분 동안 지속되는 향을. 미들 노트는 향수를 뿌리고 1시간 정도 지난 후 남는 향을. 베이스 노트는 향수를 뿌리고 3시간 이상 지난 후의 잔향을 말한다.

손상된 모발에 좋은
헤어 팩

REPAIRING MASK FOR DAMAGED HAIR

준비물

캐스터 오일 3-4큰술
달걀노른자 2개
신선한 이스트 45그램(1½ 온스 또는 ¼컵)
레몬 1개 짜낸 즙

사용 기한
만든 즉시
모두 사용

윤기라고는 전혀 찾아볼 수 없는 푸석푸석해진 모발에 탁월한 효과가 있는 게 있다? 그것은 바로 달걀노른자! 찐득찐득한 촉감의 이 헤어 팩은 전혀 상상할 수 없는 성분의 조합으로 만들어진다. 하지만 그 효능만큼은 탁월하다. 각종 영양분을 공급해주는 것은 물론 머릿결을 한층 밝고 빛나게 해줄 것이다.

-카린

만드는 과정

캐스터 오일에 달걀노른자를 섞는다. 여기에 이스트와 레몬즙을 넣고 부드러운 반죽 형태가 될 때까지 잘 섞어준다. 머리를 감지 않은 상태에서 이것을 건조한 머리 위에 골고루 바르며 부드럽게 마사지한다. 수건이나 샤워캡으로 덮은 후 20-30분 정도 그대로 둔다(샤워캡과 수건을 모두 사용해도 좋다). 이후 미지근한 물로 씻어내고 순한 샴푸로 머리를 감는다.

성분별 효능

캐스터 오일은 피부 깊숙이 침투하여 불순물을 제거하고 콜라겐 생성을 촉진한다. 달걀노른자는 단백질과 각종 비타민, 미네랄 함량이 높다. 이스트는 여러 가지 미네랄과 미량 원소(양적으로는 거의 미량이지만 생물의 존재에 있어서 없어서는 안 되는 금속원소 - 역주), 비타민을 포함하고 있다. 레몬은 각종 불순물을 제거하며 비타민 C 및 플라보노이드 성분의 함량이 높다. 또 항균, 항바이러스, 항염 작용을 한다. 뿐만 아니라 두피 건강의 밸런스를 유지하여 콜라겐 생성을 촉진한다.

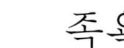

발의 통증과 혈액 순환을
촉진하는

족욕

SOOTHING FOOT BATH FOR ACHING FEET

준비물

물 3L(10액량 온스 또는 12컵)
생타임 잎 한 움큼
생페퍼민트 잎 한 움큼
껍질 벗겨 잘게 썬 생강 조금(대략 1인치 또
는 2.5센티미터)

사용 기한

만든 즉시
모두 사용

지치고 피곤한 하루를 보냈다면 족욕으로 기분을 풀어보는 건 어떨까? 평소 서서 일하는 시간이 많거나 오랜 시간 걸어 발에 통증이 있는 날에도 좋다. 밤새 하이힐 속에 발을 가둬둔 채 신나게 즐기고 들어온 아침이라면 이보다 더 좋은 휴식 방법은 없을 것이다. 허브를 이용한 이 족욕은 기분 전환에 도움이 될 뿐 아니라 신발 때문에 생긴 발의 상처나 피로를 푸는 데에도 더할 나위 없이 좋다.

—니키

만드는 과정

커다란 냄비에 물을 붓고 끓인다. 타임 잎과 페퍼민트 잎, 생강을 모두 넣고 몇 분 동안 더 끓인다. 불을 끄고 2시간 동안 물을 우려낸다. 체에 받아 물만 걸러낸 후 욕조나 발이 담길 수 있는 대야에 붓고, 편안한 의자에 앉아(이것이 중요) 발을 담근 채 20분 동안 휴식을 취한다. 더없이 달콤한 시간이 될 것이다. 시간이 지나면 발을 말리고 가벼운 크림(p.80 참조)으로 마무리한다. 자, 이제 가뿐하게 일어나 보자!

성분별 효능

타임은 진정 작용 및 상처 치료 효과가 있다. 페퍼민트는 항균, 항바이러스, 항염 효과가 있으며 강력한 진통제 역할을 하고 발을 시원하게 해준다. 또 혈류를 촉진하고 해독 작용을 한다. 생강은 혈액 순환을 촉진한다.

끓인 후 우리는 시간이 걸리기에 미리 준비해서 냉장고에 보관해 두었다가 사용 전에 취향에 따라 적당한 온도로 데워 사용해도 좋다.

비듬과 가려움을 치료하는

코코넛
오일 밤

REPLENISHING
COCONUT OIL
SCALP BALM

코코넛 오일의 치료 효과는 꽤 오랫동안 과소평가되어 왔다. 이 약재는 비듬을 치료하고 두피의 가려움을 완화하는 데 좋다. 적당량을 덜어 부드럽게 빗어 내리면 모발에 탄력까지 더해주어 일석이조의 효과를 볼 수 있다.

−카린

준비물

코코넛 오일 3큰술
로즈마리 에센셜 오일 8방울
시더우드 에센셜 오일 8방울

만드는 과정

코코넛 오일과 두 종류의 에센셜 오일을 잘 섞어 유리병에 담아 보관한다. 적당량을 덜어 건조한 두피를 마사지 한 후 수건이나 샤워 캡으로 머리를 감싼다. 효과를 극대화하려면 빗질을 하면서 밤이 머리카락을 통해 두피에 영양과 보습을 주도록 한다. 30분에서 1시간, 또는 이 상태로 잠을 잔 후 순한 샴푸로 모발과 두피를 씻어낸다.

성분별 효능

코코넛 오일은 보습 효과가 뛰어나고 각종 영양분을 공급해준다. 또 항미생물, 항진균, 항균 및 항염 효과가 있다. 로즈마리 에센셜 오일은 항균, 항바이러스 작용을 하며, 두피의 피지를 조절하고 혈류를 촉진한다. 시더우드 에센셜 오일은 상처 및 흉터 치료 효과가 있으며 피부 재생 기능을 한다. 또 진통제 및 항균, 항진균, 항염 작용도 한다.

사용 기한

1년

서늘하고 어두운 곳에 보관

휴가지의 안락한 느낌을 선사하는
바디 크림

'BOTTLED HOLIDAY' BODY CREAM

오렌지 숲의 싱그러움과 지중해의 뜨거운 태양, 여기에 부드러운 감촉까지! 이 모든 것을 담아낸 완벽한 바디 크림. 코끝으로 전해오는 달콤한 향기에서 휴가지의 안락함을 느끼게 될 것이다.

—니키

준비물

비즈왁스 ½큰술
시어버터 1큰술
코코넛 오일 1큰술
호호바 오일 2큰술
버가모트 에센셜 오일 12방울
네롤리 에센셜 오일 7방울
재스민 앱솔루트 에센셜 오일 7방울

만드는 과정

먼저 비즈왁스와 시어버터를 중탕으로 녹인다. 두 재료가 거의 다 녹으면 코코넛 오일을 넣고 섞어준다. 왁스와 버터, 오일이 잘 섞여 부드러운 액체 상태가 되면 불을 끈다. 그러고 나면 호호바 오일을 넣고 조심스레 젓는다. 혼합물이 식으면 세 종류의 에센셜 오일을 넣는다. 크림이 부드러워질 때까지 잘 섞는다. 그럼 이제 완성! 이 크림을 사용할 때면 마치 휴가지에 온 듯한 설렘이 전해지길 바란다. 달콤한 크림 향기는 햇빛이 내리쬐는 오렌지 숲으로 여러분을 초대할 것이다.

성분별 효능

비즈왁스는 피부 보호 및 보습 효과가 있다. 시어버터는 상처 치료 및 보습 효과가 있고, 피부의 자체 치유 기능을 보조하는 역할을 한다. 코코넛 오일 역시 보습 효과가 뛰어나고 각종 영양분을 공급해준다. 호호바 오일은 수분을 달아나지 못하도록 막아주며 천연 선크림의 역할도 한다. 단, 자외선 차단지수 최대치는 4이다(따라서 일반 선크림도 사용해야 한다). 아름다운 향을 지닌 각종 에센셜 오일은 여러 가지 중요한 역할을 한다. 버가모트 에센셜 오일은 건강한 피부를 유지할 수 있도록 해주며 네롤리 에센셜 오일은 건조한 피부에, 재스민 앱솔루트 에센셜 오일은 피부 영양 공급 및 상처 치료에 도움이 된다.

푹석푹석한 모발에 좋은
헤어 오일

REPAIRING
HAIR OIL

준비물

아르간 오일 2큰술
로즈마리 에센셜 오일 3방울
시더우드 에센셜 오일 3방울
라벤더 에센셜 오일 3방울

북아프리카 지방에서만 전해 내려오던 비밀의 명약, 아르간 오일. 이 신비로운 오일의 존재가 널리 알려진 건 그리 오래지 않았다. 아르간 오일은 모발에 각종 영양을 공급해 한결 부드러운 머릿결로 다시 태어나게 해준다. 비록 라푼젤의 머리칼만큼은 아니더라도 말이다. 손상된 모발이나 염색한 머리에 탁월한 효과를 보일 것이다.

—카린

만드는 과정

아르간 오일을 작은 병에 붓고 세 가지 에센셜 오일을 모두 넣은 후 잘 흔들어 섞는다. 머리를 감고 나서 아르간 오일 혼합물을 아주 조금만 묻혀 건조한 모발에 보습을 해준다. 또는 모발의 윤기를 더하기 위한 목적에서 컨디셔너로 사용할 수도 있다. 축 처지고 푹석푹석한 머리카락 위로 마사지하듯 문지른다. 샤워나 머리를 감기 전에 15-20분 정도 그대로 두어 머리카락에 오일이 흡수되도록 한다.

성분별 효능

아르간 오일은 보습 및 영양 공급 효과가 뛰어나며, 항산화 성분과 비타민 A, E가 풍부하다. 또 세포 활동 및 혈액 순환을 촉진한다. 로즈마리 에센셜 오일은 항균, 항바이러스 작용을 하며 두피의 피지를 조절하고 혈류를 촉진한다. 시더우드 에센셜 오일은 상처 및 흉터 완화 효과가 있으며, 피부 재생을 돕고 진통제로써의 역할도 한다. 또 항균 및 항진균, 항염 작용을 한다. 라벤더 에센셜 오일은 항염, 항균, 항진균, 항바이러스 효과가 있으며 진통제 기능을 한다. 또 피부를 진정시켜 주며 각종 상처와 흉터 완화에도 도움이 된다.

건조한 손을 촉촉하게
큐티클 버터

REPAIRING CUTICLE BUTTER

준비물

시어버터 2큰술
코코넛 오일 1큰술
꿀 2작은술
아르간 오일 2작은술
로즈힙 오일 20방울
로즈 앱솔루트 에센셜 오일 10방울

누군가의 손은 늘 뭔가를 만들고 고치느라 바쁘게 움직이고, 또 누군가의 손은 지독하게 건조해 고통에 시달리기도 한다. 이 모두의 손에 필요한 것이 바로 큐티클 케어. 조금만 관심을 기울이면 훨씬 보기 좋고 건강한 손으로 거듭날 수 있다. 아무리 건조한 손도 이 마법의 큐티클만 있으면 문제없으니 더 이상의 걱정은 금물!

−니키

만드는 과정

시어버터와 코코넛 오일을 중탕으로 가열한다. 꿀을 넣은 후 재료가 모두 녹는 동안 잘 저어준다. 불을 끄고 아르간 오일과 로즈힙 오일을 넣고 젓는다. 이제 로즈 앱솔루트 에센셜 오일을 한 방울씩 천천히 떨어뜨린다. 크림이 식을 동안 잠시 기다린 후 천천히 굳기 시작하면 모든 재료를 휘젓는다. 이때 거품기를 사용하면 가장 좋다. 한쪽에 두고 크림이 잘 퍼지는 농도로 가볍게 굳을 때까지 기다린다. 자, 이제 큐티클 관리를 위한 최상의 크림이 완성되었다.

성분별 효능

시어버터는 항염 효과가 있으며 피부의 자체 치유 기능을 보조하여 이 크림에 최적의 재료라고 볼 수 있다. 각종 영양분을 공급해주는 코코넛 오일은 항염 작용을 한다. 꿀은 상처 치료 및 항균 효과가 있으며, 아르간 오일은 항산화 성분 및 비타민 A, E가 풍부하다. 로즈힙 오일은 손상된 피부 조직 재생에 효과를 보이며, 로즈 앱솔루트 에센셜 오일은 활기 증진에 도움을 준다.

사용 기한
4-6개월
서늘하고 어두운 곳에

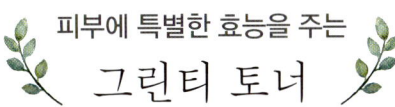

그린티 토너

NOURISHING GREEN TEA TONER

준비물

오가닉 그린티 또는 일본 센챠 우치야마 그린
티 1작은술
물 250밀리리터(8½액량 온스 또는 1컵)
선택 사항: 생사과발효식초 몇 방울(¼작은술)

사용 기한
만든 즉시
모두 사용

우리가 즐기는 그린티는 대개 따뜻한 일본 지역에서 5월경에 수확한다. 가장 여리고 부드러운 잎을 부드럽게 찌거나 덖어 잘 말아놓으면 잎 속 세포들이 터져나오면서 특유의 향을 내는, 세상에서 가장 건강한 차가 만들어진다. 한 잔의 음료수로 기분을 전환하듯 이 토너는 여러분의 피부에 행복감을 선사할 것이다.

−카린

만드는 과정

주전자에 물을 끓인 후 80℃(175℉)로 내려갈 때까지 식힌다. 이때 그린티의 좋은 성분을 최대한 활용하려면 정확한 온도를 지키는 것이 중요하다. 적정 온도로 식은 물을 컵 안에 넣어둔 잎 위에 붓고 뚜껑을 덮은 후 8−10분 동안 우려낸다. 그리고 체에 받아 물만 걸러낸 후 완전히 식힌다. 얼굴의 화상을 방지하기 위함이다. 생사과발효식초를 사용할 경우 분량대로 넣고 잘 저어준다. 세안 직후 수분크림을 바르기 전 단계에서 이 토너를 먼저 바르고, 남은 물은 마신다. 음료로만 즐겨왔던 그린티, 이제는 피부 영양제로 매일 즐겨보자.

성분별 효능

대부분의 그린티는 건강에 좋지만 일본의 센챠 우치야마 그린티는 훨씬 특별한 효능을 갖고 있다. 이것은 항산화 성분을 다량 함유하고 있으며 항염, 항진균, 항균 효과가 뛰어나다. 또 불순물을 제거하는 기능도 한다. 위의 과정처럼 뜨거운 물에 잎을 우려내는 방식으로 만들면 그린티 속에 포함된 폴리페놀과 케라틴 성분을 완벽히 추출해낼 수 있다. 생사과발효식초는 항균, 항진균 작용을 하며, 정화 및 클렌징 효과도 있다. 또 피부 pH 농도의 균형을 잡아주는데, 이것이 중요한 이유는 건강에 해로운 제품이나 음식으로 종종 우리 몸이 불균형한 상태가 될 수 있기 때문이다.

건강하고 윤기 나는 머릿결을 위한

로즈마리
헤어 린스

'SHINY MANE' ROSEMARY HAIR RINSE

준비물

물 1리터(34액량 온스 또는 4컵)
로즈마리 생잎 또는 말린 것 5큰술
캐모마일 생잎 또는 말린 것 5큰술

빛나고 건강해 보이는 머릿결의 비결은 바로 허브에 있다. 그럴듯한 정원에 멋들어지게 심지 않아도 된다. 창틀 밑에 작은 화분으로도 충분하다. 코를 자극하는 향긋한 로즈마리와 캐모마일은 이 린스의 재료로 사용하기 위해서라도 꼭 한 번 키워볼 만하다.

－니키

만드는 과정

냄비에 물을 끓이고 난 후 로즈마리와 캐모마일을 넣는다. 불을 끄고 2시간 동안 우려낸다. 체에 밭아 물만 걸러낸다. 머리를 감고 나서 마지막 헹굴 때 사용한다. 다시금 빛나는 머릿결로 태어날 것이다!

성분별 효능

로즈마리는 두피의 순환을 촉진하고 모발의 윤기를 더해주며, 캐모마일은 신경에 거슬리게 자극하는 건조한 두피를 진정시켜준다. 그리고 두 종류 모두 항균 작용을 한다.

사용 기한

만든 즉시
모두 사용

항산화 성분이 가득한 휘핑
바디 크림

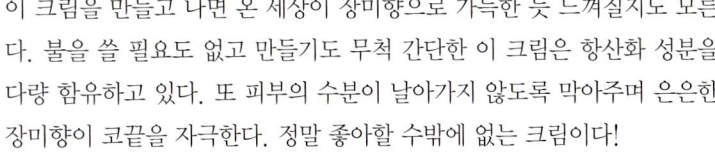

WHIPPED
BODY CREAM

준비물

호호바 오일 50밀리리터(2액량 온스)
시어버터 100그램(3½온스)
로즈 앱솔루트 에센셜 오일 15방울
시더우드 에센셜 오일 35방울

이 크림을 만들고 나면 온 세상이 장미향으로 가득한 듯 느껴질지도 모른다. 불을 쓸 필요도 없고 만들기도 무척 간단한 이 크림은 항산화 성분을 다량 함유하고 있다. 또 피부의 수분이 날아가지 않도록 막아주며 은은한 장미향이 코끝을 자극한다. 정말 좋아할 수밖에 없는 크림이다!

―카린

만드는 과정

호호바 오일과 시어버터를 유리 그릇에 넣고 잘 섞은 후 포크로 휘젓는다. 그러고 나면 아주 빠르게 휘핑 크림처럼 변하기 시작할 것이다. 크림이 완전히 부드러워질 때까지 계속해서 휘젓는다. 이후 로즈 앱솔루트 에센셜 오일과 시더우드 에센셜 오일을 넣고 잘 섞어준다.

성분별 효능

호호바 오일은 피부에 쉽게 스며들어 천연 선크림의 역할을 한다. 단, 자외선 차단지수 최대치는 4이다(따라서 일반 선크림도 사용해야 한다). 또 상처 치료 및 항염, 항균 효과가 있으며 항산화 성분과 비타민 E가 풍부하다. 뿐만 아니라 햇볕 화상과 흉터와 건선 치료에도 좋다. 시어버터는 상처 치료, 항염 및 보습 작용을 하고 피부의 자체 치유 기능을 보조하는 역할을 한다. 또 건선, 흉터와 피부의 상처 치료에 도움이 된다. 시더우드 에센셜 오일 역시 상처와 흉터 치료에 효과가 있으며 항균, 항진균, 항염 작용을 한다. 로즈 앱솔루트 에센셜 오일은 항균, 항바이러스 효과가 있으며 세포 재생 및 상처 치료 성분을 함유하고 있는 것으로 알려져 있다.

바다의 휴식을 선물해주는
발 스크럽

BEACH WALK
FOOT SCRUB

준비물

꿀 3큰술
바다소금 3큰술
코코넛 오일 1큰술

우리의 발에 편안한 휴식을 선물할 시간, 마치 휴가를 즐기는 것처럼 느낄 수 있도록 만들어보자. 양말에 가리워진 채 늘 쓸쓸히 홀로 있는 외로운 발에 부드럽고 따뜻한 보살핌을 선물하는 것이다. 우리 발은 이미 그 사랑을 누릴 가치가 충분하다.

−니키

만드는 과정

모든 재료를 한데 섞고 발에 바른 후 문지르면 끝! 단, 간지럽고 미끄러울 수 있으니 서 있지 말고 반드시 앉아서 한다. 끝난 후에는 양발은 물론 욕조까지 완전히 헹구고 나서 움직인다. 그렇지 않으면 욕조에서 미끄러지는 참사가 발생할 수 있다!

성분별 효능

꿀은 상처 치료 효과가 있으며 항미생물 및 항균 성분을 갖고 있다. 바다소금은 항감염 효과가 뛰어나며 미네랄이 풍부해 각질 제거제로 안성맞춤이다. 코코넛 오일은 탁월한 보습 효과를 보이며 피부에 각종 영양분을 공급한다. 또 항미생물, 항진균, 항균, 항염 작용을 한다.

사용 기한

1년

서늘하고 어두운 곳에

얼굴에 꿀 보습을 주는

병아리콩
강황 마스크팩

NOURISHING
CHICKPEA &
TURMERIC
FACE MASK

준비물

병아리콩 가루 1큰술
아몬드 오일 2작은술
꿀 2작은술
레몬 주스 2작은술
강황 가루 1작은술

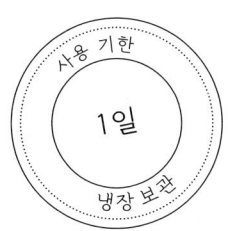

사용 기한
1일
냉장 보관

그램(gram) 가루, 또는 베산(besan)은 모두 병아리콩 가루의 또 다른 이름이다. 이 뷰티 레시피대로 만들다 보면 한 입 먹고 싶은 생각이 들기도 하지만 오늘만큼은 우리 피부에 양보해보자. 피부가 좋은 성분을 완전히 흡수할 수 있도록 말이다. 그러고 나면 한층 부드럽고 촉촉한 피부를 느낄 수 있을 것이다!

–카린

만드는 과정

모든 재료를 한데 섞고 잘 저어 반죽을 만든다. 두툼하게 만들어 세안한 피부에 도포한 후 15분간 그대로 둔다. 이후 따뜻한 물로 잘 헹구어낸다. 이때 강황 가루 때문에 얼굴 색이 물들 걱정은 하지 않아도 된다. 마스크 팩은 흔적도 없이 아주 쉽게 씻겨 내려간다.

성분별 효능

병아리콩과 강황은 모두 항산화 물질이 풍부하다. 더욱이 강황은 항균, 항염 작용을 하며 상처 치료에도 효과가 있는 것으로 알려져 있다. 아몬드 오일은 피부 자극을 가라앉히고 염증을 완화하는 데 도움이 된다. 또 보습 및 진정 효과가 탁월하다. 꿀은 상처 치료 및 항균 작용을 한다. 레몬은 클렌징 역할을 하며 항균 및 항염 성분을 포함하고 있다. 또 피부에 탄력을 더하는 동시에 콜라겐 생성을 촉진한다.

소중한 내 머릿결을 위한

헤어
트리트먼트

'EASY REPAIR' HOT OIL HAIR TREATMENT

준비물

코코넛 오일 125밀리리터(4액량 온스 또
는 ½컵)
아보카도 오일 125밀리리터(4액량 온스 또
는 ½컵)

사용 기한

만든 즉시
모두 사용

할아버지로부터 물려받은 이탈리아 혈통의 유전자 덕분에 내 모발은 정말
많은 관리가 필요하다. 탈색과 염색도 해야 하고, 가끔은 바다소금을 이용
해 관리도 해줘야 한다(그런 날은 아주 운이 좋은 날). 그래서 컨디셔너 같
은 건 사용할 겨를이 없다. 나 같은 사람을 위해 아주 쉽고 간단하게 모발
을 관리할 수 있는 헤어 트리트먼트 레시피를 소개한다.

─니키

만드는 과정

코코넛 오일을 중탕으로 가열한 후 거의 다 녹으면 아보카도 오일을 넣고
저어준다. 이후 부드러운 액체 상태가 되면 불을 끈다. 화상 방지를 위해
머리에 바르기 전에 온도 체크를 정확하게 한다. 팩은 따뜻한 상태여야 하
지만 피부에 닿았을 때 너무 뜨겁지 않고 편안한 느낌을 줄 수 있어야 한
다. 따뜻한 오일 혼합물을 마른 상태의 모발 뿌리에서부터 끝까지 꼼꼼하
게 발라준다. 샤워 캡을 쓰고 뜨거운 수건으로 머리 주변을 감싸 최소 30분
간 따뜻한 상태로 유지될 수 있도록 한다. 이때 캡을 쓴 채로 햇빛이 비치는
곳이 앉아 있어도 좋다. 마지막에는 순한 샴푸로 머리를 감는다.

성분별 효능

코코넛 오일은 보습 효과가 뛰어나며 각종 영양분을 공급해준다. 아보카
도 오일은 단백질과 지방 함량이 높다. 두 종류의 오일 모두 모발의 성장
과 강화에 탁월한 효과를 보이며, 특히 건조한 모발과 피부에 이상적이다.
아보카도 오일은 또 비타민 C, E, K는 물론 마그네슘과 칼륨도 풍부하다.

피로 회복에 좋은

목욕 오일

RELAXING
BATH OIL

준비물

아몬드 오일 2큰술
바다소금 한 줌
캐롯 시드 에센셜 오일 5방울
미르 에센셜 오일 5방울
로즈 오또 에센셜 오일 2-3방울

사용 기한
만든 즉시
모두 사용

하루를 마무리하며 충분한 휴식으로 나를 달래보자. 물이 가득한 욕조에 바다소금을 넣고 숨을 깊이 들이마시며 모든 상념은 멀리, 아주 멀리 날려보내자.

-카린

만드는 과정

바다소금에 아몬드 오일과 세 종류의 에센셜 오일을 모두 넣고 잘 섞어준다. 욕조에 물을 받을 때 블렌딩된 소금오일을 흐르는 물에 넣은 후 몸을 담근다. 좋은 기운을 주는 이 목욕물에서 30분간 즐겨보자.

성분별 효능

아몬드 오일은 각종 지방산 및 미네랄과 비타민이 풍부하다. 또 피부 자극을 가라앉히고 염증을 완화해주며 보습 효과 및 진정 효과가 탁월하다. 바다소금은 항감염 작용을 하며 여러 가지 미네랄을 함유하고 있다. 로즈 오또 에센셜 오일은 항균, 항바이러스 및 근육 이완 작용을 하며 세포 재생의 효과가 있다. 또 상처 치료에도 도움이 된다. 캐롯 시드 에센셜 오일 역시 상처 치료 효과가 있으며 항염 및 세포 재생 기능을 한다. 또 혈압을 낮춰주고 화상 치료에도 도움이 된다. 미르 에센셜 오일은 항균, 항바이러스, 항염 효과가 있으며 피부 재생과 영양에 도움을 준다. 또 호르몬을 조절하며 상처 치료에도 효과가 있다.

보습 효과가 최고인

아보카도 마스크팩

MOISTURISING AVOCADO FACE MASK

준비물

아보카도 ¼개
바나나 ¼개
꿀 1작은술
아보카도 오일 1작은술

사용 기한

만든 즉시
모두 사용

유난히 피부가 건조한 날이나 추운 겨울철은 그 어느 때보다 건조한 피부를 위한 영양 공급이 꼭 필요한 때이다. 과일로 아주 간단하게 만들 수 있는 이 팩은 보습 효과가 커서 가렵고 각질이 일어나는 피부에 효과 만점이다. 또 자칫 히터 바람으로 인해 거칠어질 수 있는 피부를 보호해준다.

-니키

만드는 과정

아보카도와 바나나를 으깬다. 여기에 나머지 재료를 모두 넣고 완전히 매끄러운 상태가 될 때까지 잘 섞는다. 이때 거품기를 사용하면 가장 좋다(아니면 손으로 세게 저어줘도 된다). 세안 후 얼굴과 목에 부드럽게 바르고 피부가 되살아나는 느낌을 마음껏 즐긴다. 20분 후 미지근한 물로 씻어낸다.

성분별 효능

아보카도 오일과 생아보카도는 단백질과 지방이 풍부하다. 건조한 피부에 탁월한 효과를 보이며 비타민 C, E, K는 물론 마그네슘과 칼륨도 풍부하다. 꿀은 상처 치료 효과가 있으며 항미생물 및 항균 성분을 포함하고 있다. 바나나는 보습 작용을 하는 칼륨과 비타민 E가 풍부하여 활성산소 제거에 좋다.

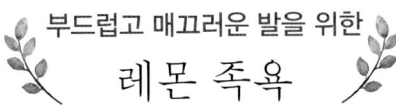

부드럽고 매끄러운 발을 위한
레몬 족욕

SOFTENING LEMON FOOT BATH

준비물

레몬 2개 짜낸 즙
올리브 오일 1작은술

사용 기한

만든 즉시
모두 사용

코끝에 스며드는 레몬향에 기분이 좋아지는 것은 물론, 이 족욕을 하고 나면 발의 피부 촉감이 한층 부드럽고 매끄러워져 더없이 상쾌한 느낌을 가질 수 있다. 전에는 발을 어떻게 관리해야 하는지 잘 몰랐을 것이다. 그럼 이제부터 레몬 족욕으로 머리부터 발끝까지 행복한 기분을 느껴보기 바란다.

－카린

만드는 과정

욕조에 따뜻한 물을 받고 레몬 주스를 넣어 잘 섞고 발을 담근다. 20~30분간 족욕을 한다. 이후 발을 문지르기 시작하면 딱딱하게 굳어 있던 피부 표면이 쉽게 벗겨질 것이다. 마무리하고 나서는 올리브 오일로 발을 촉촉하게 감싸준다. 이 족욕을 규칙적으로 하다 보면 한층 부드럽고 매끄러운 발로 다시 태어날 것이다.

성분별 효능

레몬은 클렌징 기능을 하며 항균, 항바이러스, 항염 효과가 있다. 또 콜라겐 생성을 촉진한다. 올리브 오일은 항균, 항염 작용을 하며 피부를 보호하고 피부 영양에 도움을 준다. 또 각종 비타민과 미네랄 및 항산화 성분을 다량 함유하고 있다.

내 몸을 깨우는
바디 크림

'WAKE ME UP'
BODY LOTION

준비물

시어버터 4큰술
로즈힙오일 4큰술
그레이프프루트 에센셜 오일 25방울
사이프러스 에센셜 오일 25방울

사용 기한

만든 즉시
모두 사용

그레이프프루트가 셀룰라이트를 없애준다고 말하는 사람도 있지만 사실 그런 주장은 믿을 게 못 된다. 셀룰라이트는 피부 아래 깊숙한 곳에서 생겨나기 때문에 어떤 크림도 그곳까지 닿을 수 없기 때문이다. 그러니 셀룰라이트가 내 몸에 존재한다는 사실은 완전히 잊어버리고 그저 이 크림이 있다는 것에 기뻐하기 바란다! 아침 샤워 후 촉촉하게 바르고 나면 그레이프프루트와 페퍼민트의 상쾌한 향 덕분에 기분 좋은 하루를 시작할 수 있다. 그렇게 활기찬 기분으로 이른 아침 조깅을 나가는 경우도 종종 있다. 운동이야말로 셀룰라이트를 예방하는 진정한 방법! 크림 덕분에 운동까지 하게 됐으니 '셀룰라이트 방지 크림'이라는 이름을 붙여야 할지도 모르겠다!

−니키

만드는 과정

시어버터를 중탕으로 가열하고 녹는 동안 계속 저어준다. 불을 끄고 로즈힙 오일을 넣고 섞는다. 에센셜 오일을 모두 넣고 조심스레 저어준다. 축 처져 있거나 울적한 기분이 들 때 이 바디 크림을 바르면 한결 상쾌하고 밝은 기운이 느껴질 것이다.

성분별 효능

시어버터는 보습 효과가 있고 피부의 자체 치유 기능을 보조하는 역할을 한다. 로즈힙 오일은 다량의 항산화 성분을 포함하고 있으며, 피부 깊숙이 침투하여 콜라겐 생성을 자극한다. 상쾌한 그레이프프루트 에센셜 오일은 신진대사를 활발하게 하며, 사이프러스 에센셜 오일은 혈액 순환을 개선하고 하지정맥류를 완화한다.

신이 선물해준

보습 페이셜 오일

DIVINE MOISTURISING FACIAL OIL

준비물

아르간 오일(또는 호호바 오일) 4작은술
타마누 오일(또는 로즈힙 오일) 2작은술
재스민 앱솔루트 에센셜 오일 2방울
캐모마일 로만 에센셜 오일 6방울

사용 기한
4-6개월
서늘하고 어두운 곳에 보관

모로코에서 나는 아르간 오일은 피부와 모발 영양에 특효약으로 통한다. 이 아르간 오일에 또 다른 신의 오일이라 불리는 타마누 오일까지 섞어 바르면 궁극의 느낌을 경험하게 될 것이다.

—키린

만드는 과정

아르간 오일과 타마누 오일을 작은 유리병*에 담고 잘 섞는다. 여기에 재스민 앱솔루트 에센셜 오일과 캐모마일 에센셜 오일을 넣고 살살 흔들어준다. 몇 방울만 얼굴에 떨어뜨려 천천히 원을 그리듯 마사지한다. 매일매일 반복해서 하면 좋다. 단, 눈에 들어가지 않도록 주의한다.

성분별 효능

아르간 오일은 보습 및 영양 공급 효과가 탁월하고 피부에 활력을 준다. 또 세포 활동 및 혈액 순환을 촉진하며, 항산화 성분과 비타민 A, E가 풍부하다. 타마누 오일은 상처 치료 효과가 뛰어나며 새로운 피부 조직 형성을 촉진한다. 항염 및 항산화, 항균 효과가 있으며, 비타민 E를 다량 함유하고 있다. 재스민 앱솔루트 에센셜 오일은 진정 작용과, 기분을 좋아지게 만드는 데 최고이다. 캐모마일 로만 에센셜 오일은 항염, 피부 재생 및 상처 치료 효과가 있다. 선택적으로 사용 가능한 호호바 오일과 로즈힙 오일은 모두 항산화 성분을 다량 함유하고 있으며 항염, 보습, 상처 치료 효과가 있다.

* 오일은 산패가 되기 쉬우므로 작은 유리병에 담아 소량씩 만들어 사용하는 것이 좋다. 또한 차광 유리병을 이용하는 것이 좋다.

자랑하고 싶은
촉촉한 피부를 위한
바디 스크럽

WHIPPED FIG
BODY SCRUB

준비물

익은 무화과 큰 것 2개
시어버터 1큰술
비즈왁스 1큰술
코코넛 오일 1큰술
브라운 슈가 4큰술

무화과는 염소 우유로 만든 치즈와 곁들여 먹으면 최고의 맛을 느낄 수 있다. 그런데 그 향 또한 무척 좋아 스킨케어 재료로 활용하기에 최고의 과일이다. 이 무화과 스크럽에 들어 있는 작은 씨앗 알갱이는 부드럽게 각질을 제거해준다. 스크럽을 하고 나면 피부는 더없이 매끄럽고 부드러워질 것이다.

—니키

만드는 과정

무화과의 껍질을 벗기고 으깬 후 한 컵에 둔다. 그리고 시어버터와 비즈왁스를 중탕에서 녹인다. 거의 녹으면 코코넛 오일을 넣고 저어준다. 이후 불을 끄고 으깬 무화과를 넣고 잘 섞는다. 혼합물이 어느 정도 식고 나면 브라운 슈가(황설탕)를 넣는다(완전히 식지 않은 상태에서 넣으면 설탕이 녹아버린다). 이때 거품기를 사용해 섞어주면 한층 가볍고 부드러운 스크럽을 만들 수 있다. 일주일에 한 번, 이 부드러운 각질 제거 바디 스크럽을 사용하면 남들에게 자랑하고 싶은 촉촉한 피부로 거듭날 것이다.

성분별 효능

이 스크럽의 베이스 역할을 하는 시어버터는 피부의 자체 치유 기능을 보조하는 역할을 한다. 비즈왁스는 피부 보호 및 보습 기능을 하며, 코코넛 오일은 피부에 많은 영양분을 공급해준다. 스크럽의 주재료인 무화과는 피부에 수분을 공급하며, 항산화 및 항염 성분을 함유하고 있다. 무화과의 작은 씨는 설탕 알갱이와 함께 최고의 각질 제거제 역할을 한다.

카올린 파우더 믹스

BALANCING KAOLIN POWDER MIX

준비물

카올린 파우더 5큰술
따뜻한 물 150밀리리터(5액량 온스 또는 1½컵)

사용 기한

만든 즉시
모두 사용

카올린 파우더를 규칙적으로 사용하면 두피 및 피부의 피지 균형을 건강하게 유지할 수 있다. 카올린 파우더는 피부 표면의 불순물에 달라 붙어 이를 부드럽게 제거해주며 물로 쉽게 헹구어낼 수 있어 일반 비누와 샴푸 사용량을 줄여준다. 피부가 건조하고 민감하거나 모발이 손상되어 고민이라면 카올린 파우더를 적극 추천한다!

– 카린

만드는 과정

파우더에 미지근한 물을 넣어 걸쭉하고 부드러운 반죽을 만든다. 반죽을 덜어 샴푸를 하듯 두피와 모발에 골고루 마사지한다. 이 상태로 몇 분간 두어 흡수되도록 한다. 이후 따뜻한 물로 헹구어낸다. 주기적으로 마사지를 하고 나면 예전보다 머리 감는 횟수가 줄어들 것이다. 카올린 파우더를 바디 워시로 사용할 경우 유분은 그대로 보존하면서 각종 불순물은 제거되어 한결 매끄러운 피부를 유지할 수 있다.

카올린 마스크팩

카올린 파우더는 세정 기능은 물론 피부에 각종 영양분을 공급해주고 피부 세포 재생을 촉진하여 마스크팩으로 사용해도 효과 만점이다. 카올린 파우더 1큰술에 그린티 1큰술을 섞어 반죽을 만들어 사용하면 된다. 이 반죽을 얼굴에 골고루 바르고 10–15분간 그대로 둔다. 이후 따뜻한 물로 씻어낸다.

성분별 효능

카올린 파우더에 물을 섞으면 기름진 입자와 불순물을 흡수한다. 카올린은 피부를 보호하고 피부에 각종 영양분을 공급해주는 각종 미네랄과 영양소가 풍부하다. 또 혈액 순환을 촉진하며 항균 작용 및 산성도를 낮추는 역할을 한다. 그린티는 폴리페놀 성분을 다량 함유하고 있으며, 항염 및 항균 작용을 한다.

허브로 만드는
옷장 방향제

HERBAL
WARDROBE
FRESHENER

준비물

생로즈마리 한 묶음
생세이지 한 묶음
생유칼립투스 한 묶음
흰색 작은 면 주머니
바질 에센셜 오일 20방울
면솜 볼 2개
라벤더 에센셜 오일 20방울

향의 힘은 아주 강력하다. 특정한 향을 맡는 순간 우리는 잊혀진 옛 시절, 공간, 사람들 속으로 짧은 여행을 떠난다. 향은 또 기분에도 영향을 준다. 뿐만 아니라 좋은 냄새는 옷장 속 운동 가방의 땀냄새를 흔적도 없이 감춰 버리기도 한다. 그럼 지금부터 옷장 속 향기를 위한 방향제를 만들어보자.
─니키

만드는 과정

세 종류의 허브를 면 주머니에 들어가는 크기로 자른다. 하나의 면솜 볼에 바질 에센셜 오일 20방울을 떨어뜨리고, 나머지 면솜 볼에는 라벤더 에센셜 오일을 20방울 떨어뜨린다. 에센셜 오일이 묻은 면솜 볼과 허브를 면 주머니 속에 함께 넣는다. 옷장 속에 걸어두면 신선한 허브향이 옷장을 가득 메울 것이다!

성분별 효능

향이 무척 좋은 로즈마리는 지중해의 향취를 풍긴다. 세이지는 특유의 가죽향 때문에 예전부터 향수를 만들 때 주로 사용되어 왔다. 생기를 불어 넣는 유칼립투스 성분은 일반적으로 몸을 정화하는 효능이 있다. 달콤하면서도 약간 매운향이 감도는 바질 에센셜 오일은 스트레스를 완화해준다. 라벤더 에센셜 오일은 신선하면서도 강한 꽃향기를 갖고 있어 오래전부터 향수 제조에 주로 사용되었다.

사용 기한
1개월
해당 용기로 새 것으로 교체

갈라진 입술을 위한
립밤

MOISTURISING
& HEALING
LIP BALM

준비물

비즈왁스 1큰술
시어버터 4작은술
아르간 오일 1큰술
로즈힙 오일 1작은술
멜리사 에센셜 오일 3방울
만다린 에센셜 오일 3방울
미르 에센셜 오일 3방울

사용 기한
4-6개월
서늘하고 어두운 곳에 보관

치료 기능이 탁월한 시어버터가 기본 재료로 사용되는 이 립밤은 트고 갈라진 연약한 입술을 나도 모르는 사이에 촉촉하고 윤기 나는 입술로 만들어줄 것이다. 시어버터에 피부 활력 증진 효과가 탁월한 로즈힙 오일을 추가하면 그야말로 최고의 입술 보습제가 탄생한다.

—카린

만드는 과정

비즈왁스를 액체가 될 때까지 낮은 불에서 중탕으로 녹인다. 또 다른 용기에 역시 중탕으로 시어버터를 가열하고, 여기에 아르간 오일과 로즈힙 오일을 추가하여 부드럽게 저어준다. 이때 혼합물에 지나치게 많은 열을 가하지 않도록 주의한다. 이후 다 녹은 비즈왁스를 넣어준다. 혼합물의 모든 내용물이 잘 섞이고 나면 바로 불을 끄고 다 식을 때까지 계속해서 저어준다. 혼합물이 우유빛깔을 띠기 시작하면 계속 저으면서 세 종류의 에센셜 오일을 모두 넣어준다. 그러고 나서 비즈왁스가 굳어버리기 전에 재빨리 작은 병에 완성된 립밤을 붓는다.*

성분별 효능

비즈왁스는 피부 보호 및 보습 기능이 뛰어나다. 여기에 시어버터는 상처 치료, 항염 및 보습 작용을 한다. 아르간 오일 역시 탁월한 보습 효과를 보이며 피부에 각종 영양분을 공급하여 활력을 주는 역할을 한다. 또 세포 활동을 촉진하고 다량의 항산화 성분 및 비타민 A, E를 함유하고 있다. 로즈힙 오일은 보습 기능은 물론 항산화 성분 함량이 높으며, 항염, 피부 치료, 상처 완화 효과가 있다. 멜리사 에센셜 오일은 항염 및 항바이러스 작용을 한다. 만다린 에센셜 오일은 기분을 좋게 하고 면역 체계를 강화한다. 여기에 미르 에센셜 오일은 항균, 항바이러스, 항염 작용을 하며 피부에 각종 영양분을 공급하고 상처 치료에 도움을 준다. 특히 입과 목 주변에 발랐을 때 그 효과가 탁월하다.

---

* 립밤을 붓고 뚜껑을 바로 닫아 에센셜 오일이 휘발되지 않도록 한다.

숙취 해소에 좋은
바디 오일

'HANGOVER-FIGHTING' BODY OIL

준비물

호호바 오일 3큰술
아몬드 오일 3큰술
유칼립투스 에센셜 오일 8방울
페퍼민트 에센셜 오일 8방울
라벤더 에센셜 오일 8방울
티트리 에센셜 오일 4방울
제라늄 에센셜 오일 4방울

사용 기한
4-6개월
서늘하고 어두운 곳에 보관

숙취가 남아 있으면 기분이 썩 유쾌하지 않다. 이 경우 숙취 해소의 첫 번째 단계는 한 잔의 차와 베이컨 샌드위치를 곁들이는 것. 그리고 침대로 가서 스스로를 달래듯 이렇게 외친다. "다시는 술 안 먹을 거야!" 그리고 두 번째 단계로 샤워를 하며 숙취를 날려버린다. 마지막으로 세 번째 단계는 바로 이 바디 오일을 바르며 나를 소중히 보듬듯 부드럽게 마사지하는 것이다. 그러고 나면 금세 기분이 좋아져 간밤에 술에 취해 누구에게 문자를 보냈는지 전화기를 열어볼 용기가 생길지도 모르겠다.

—니키

만드는 과정

그 어떤 뷰티 레시피보다 간단하다. 준비한 모든 오일을 차광 유리병에 넣고 골고루 섞일 때까지 잘 흔들어주면 된다. 샤워 후 오일을 전신에 발라준다. 숙취는 흔적도 없이 사라질 것이다.

성분별 효능

유칼립투스 에센셜 오일은 몸에 생기를 불어 넣으며 일반적으로 몸을 정화시켜주는 작용을 한다. 페퍼민트 에센셜 오일은 소화를 돕고 집중력을 높여주며, 에너지를 돋우고 열을 식혀준다. 또 두통을 가라앉히며 근육통 완화에도 사용된다. 라벤더 에센셜 오일은 항염, 근육 이완, 항균, 항바이러스 성분을 포함하고 있으며, 피부를 진정시켜주는 효능을 가지고 있다. 티트리 에센셜 오일은 악취 제거에 좋고, 면역체계 자극에 도움이 된다. 제라늄 에센셜 오일은 피부를 건강하게 유지시켜주고 신체 각 조직의 활력 증진에 효과가 있다. 또 염증 및 경미한 피부 손상을 치료하기도 한다. 호호바 오일은 항산화 성분 및 비타민 E를 다량 함유하고 있으며, 항염, 항균 및 항감염 효과가 있다. 아몬드 오일은 지방산과 각종 미네랄, 비타민이 풍부하다. 또 신경에 거슬리는 자극을 가라앉히고 항염 효과를 보이며, 보습 및 진정 효과가 탁월하다. 몸의 진정 작용. 이것은 숙취와 싸울 때 필요한 작용이다.

얼굴에 활기를 더해주는

오트밀
마스크팩

ROYAL
REJUVENATING
OATMEAL
FACE MASK

준비물

귀리 또는 귀리 가루 1큰술
따뜻한 우유(또는 물이나 두유) 2큰술
로즈워터 2작은술 또는 로즈 앱솔루트 에센셜
오일 2방울 또는 로즈 오또 에센셜 오일 2방울

약 150년 전, 오스트리아 시씨 황후의 아름다움의 비결에는 아침 6시에 일어나 차가운 물로 목욕을 하는 것이 포함되어 있다. 조깅과 체조를 한 후에 전신 마사지를 하고, 얼굴과 모발에 크림을 바르는 것이 정해진 일과 였다. 시씨 황후는 입으로 먹는 것보다 피부에 더 많은 음식을 투자하는 것으로 유명했다. 그녀의 상징처럼 여겨지는 이 마스크팩은 아주 간단하게 만들 수 있다. 귀리 가루에 물을 탄 후 로즈워터나 로즈 에센셜 오일을 넣으면 끝이다. 아침 식사로 먹는 귀리죽과 그 만드는 방법이 비슷하니 식사와 피부 관리를 동시에 할 수도 있겠다. 이보다 더 간편한 방법이 있을까?
−카린

만드는 과정

귀리 또는 귀리 가루에 따뜻한 우유를 섞는다. 4−5분간 저어 걸쭉한 반죽을 만든 후 로즈워터나 에센셜 오일을 한 방울씩 천천히 떨어뜨린다. 얼굴에 고르게 펴 바른 후 30분간 그대로 둔다. 이후 미지근한 물론 씻어낸다.

성분별 효능

귀리는 항염 및 항산화 물질을 함유하고 있으며 상처 치료를 촉진한다. 또 피부 진정 및 치료 기능을 갖고 있다. 우유는 보습 효과가 있으며 영양 공급 및 진정 작용을 한다. 로즈워터, 로즈 앱솔루트 에센셜 오일, 로즈 오또 에센셜 오일은 항균, 항바이러스 효과가 있으며 세포 재생 및 상처 치료 성분을 함유하고 있다.

사용 기한

만든 즉시
모두 사용

해독 작용을 하는
말차 마스크팩

DETOXIFYING MATCHA TEA FACE MASK

준비물

말차 파우더 1작은술
요구르트 1작은술

이건 디저트가 아니다. 독소 제거에 탁월한 효과가 있는 이 녹색 반죽을 얼굴에 바르면 서양 동화에 나오는 사악한 마녀처럼 보일지도 모르겠다. 하지만 팩에 들어 있는 영양분이 피부에 모두 흡수되고 나면 한결 산뜻하고 맑은 피부를 갖게 될 것이니 마음껏 즐겨보시길!

–카린

만드는 과정

말차 파우더를 그릇에 담고 요구르트를 넣어 부드러운 반죽이 되도록 잘 섞는다. 세안 후 이 반죽을 얼굴에 바르고 15분간 그대로 둔다. 이후 미지근한 물로 부드럽게 씻어내면 얼굴빛이 살아날 것이다.

성분별 효능

말차는 비타민, 항산화 성분, 폴리페놀, 플라보노이드 및 각종 미네랄이 풍부하다. 항염, 항균 효과가 있으며 각종 불순물 제거에 도움이 된다. 요구르트는 보습 효과가 있으며 피부에 영양분을 공급해준다.

사용 기한

만든 즉시
모두 사용

주재료 설명

이 책에 소개된 주재료들을 한데 모아 보기 쉽게 정리했다. 뷰티 레시피를 만들 때 사용하는 주요 성분 및 효능에 대한 설명이다.

아몬드 오일 Almond oil
지방산 및 각종 미네랄, 비타민 함유. 화를 가라앉히고 염증 완화에 도움이 되며 보습 및 진정 작용

알로에베라 Aloe vera
항염, 항균, 항바이러스 및 보습, 세포 재생 효과

생사과발효식초 Apple cider venegar
항균, 항진균 효과, 정화 및 클렌징 작용을 하여 천연 컨디셔너의 역할. pH 농도 균형 조절

아르간 오일 Argan oil
보습 및 영양분 공급, 항산화 성분 및 비타민 A, E 풍부. 세포 활동 및 혈액 순환 촉진

아보카도 오일 Avocado oil
단백질 및 지방 함유. 건조 피부에 제격. 비타민 C, E, K 및 마그네슘, 칼륨 풍부

바나나 Banana
보습 작용을 하는 칼륨과 비타민 E가 풍부하여 활성산소 제거에 탁월한 효과

비즈왁스 Beeswax
천연 방부제 및 유화제, 피부에 대한 치료 및 보습, 보호 효과

버가모트 에센셜 오일 Bergamot essential oil
긴장 완화 및 항균, 항바이러스, 항경련 효과

자작나무 잎 Birch leaves
혈액 순환 촉진, 가려움 완화, 비듬 방지 성분 함유

블랙 페퍼 에센셜 오일 Black pepper essential oil
항균, 항염 작용 및 활력 증진 효과

캐롯 시드 에센셜 오일 Carrot seed essential oil
항염 및 피부 재생, 상처 치료 효과

캐스터 오일 Castor oil
피부 정화 및 세정 기능. 피부 탄력 개선 및 콜라겐 생성 촉진

시더우드 에센셜 오일 Cedar wood essential oil
상처 및 흉터 완화, 피부 재생, 항균 및 항진균 작용. 진통제 역할

캐모마일 Chamomile
살균 및 항염, 항균, 항경련 효과. 화끈거리고 건조한 두피의 진정 효과

캐모마일 블루 에센셜 오일 Chamomile blue essential oil
항균, 항진균, 항염, 항경련 효과. 피부 진정 및 상처 치료 효과

캐모마일 로만 에센셜 오일 Chamomile Roman essential oil
항염, 항경련, 상처 치료 및 피부 재생 효과

코코아 버터 Cocoa butter
피부 탄력 증대, 콜라겐 생성 촉진

코코아 파우더 Cocoa powder
살균 작용 및 항산화 성분 다량 함유. 각종 흉터 완화

코코넛 오일 Coconut oil
보습 효과 탁월, 피부에 각종 영양분을 공급하며 항균, 항염 효과

커피 Coffee
혈액 순환 및 혈류 촉진. 최고의 각질 제거제

사이프러스 에센셜 오일 Cypress essential oil
피부 정화 및 수렴 작용, 항경련 효과. 혈액 순환 개선 및 하지정맥류 완화

달걀노른자 Egg yolk
단백질, 각종 비타민과 미네랄 풍부

유칼립투스 에센셜 오일 Eucalyptus essential oil
항균, 항바이러스, 항진균 효과. 활력을 더해주고 신체 정화 작용

무화과 Figs
수분 공급에 탁월하며 항산화 및 항염 성분 다량 함유

프랑킨센스 에센셜 오일 Frankincense essential oil
상처 치료, 항경련, 항염, 항균, 항바이러스 효과. 혈류 및 피부 세포 성장 촉진

제라늄 에센셜 오일 Geranium essential oil
항염, 항균, 항진균 효과. 진통제 및 상처 치료 효과. 건강한 피부 유지를 돕고 신체 조직에 활력을 더함

생강 Ginger
항염, 항바이러스 및 살균 효과. 세포 재생을 도우며 면역 체계 및 혈액 순환 촉진

그레이프프루트 에센셜 오일 Grapefruit essential oil
수렴 작용 및 항경련, 살균 효과. 신진대사를 자극하여 원기 회복

그린티 Green tea
폴리페놀 및 카테친 성분 다량 함유. 항염 및 항균 효과

꿀 Honey
면역 체계 강화, 각종 균의 성장을 억제하고 열을 내림. 상처 치료 및 각종 영양분 공급. 활기 증진 효과. 단, 열에 약함. 가장 자연에 가까운 섭취 방법은 정제되지 않은 오가닉 꿀을 먹는 것

임모르텔 에센셜 오일 Immortelle essential oil
살균 및 상처 치료, 항염, 항균, 항바이러스 효과. 혈액 순환 및 새로운 피부 세포 성장 촉진

재스민 앱솔루트 에센셜 오일 Jasmine absolute essential oil
항경련 및 진통제 효과. 영양분 공급 및 진정 작용, 기분 전환에 도움

호호바 오일 Jojoba oil
피부 내 수분이 밖으로 빠져나가지 못하도록 방어. 항염, 항균 및 상처 치료 효과. 피부 깊숙한 곳으로 쉽게 침투하며, 물을 잘 흡수하고 비타민 E가 풍부

카올린 파우더 Kaolin powder

물과 섞이면 기름진 불순물을 흡수. 피부를 보호해주는 각종 미네랄과 영양소가 풍부. 항균 효과 및 혈액 순환 촉진. 산성도를 낮추는 데 도움

라벤더 Lavender

항염, 항균, 항바이러스, 항경련, 항진균 효과. 통증 완화 및 상처 치료에 도움. 긴장 완화 및 진정 작용

레몬 Lemons

항균, 항바이러스, 클렌징 역할. 각종 감염을 방어하며 비타민 C, 플라보노이드 풍부. 주스는 방부제 역할

만다린 에센셜 오일 Mandarin essential oil

기분 전환 효과. 면역 체계 강화 및 항경련 작용

말차 Matcha tea

비타민, 항산화 성분, 폴리페놀, 플라보노이드 및 각종 미네랄 다량 함유. 항염 및 항균 기능. 각종 불순물 제거

멜리사 에센셜 오일 Melissa essential oil

항염 및 항바이러스 효과. 면역 체계 강화 및 항경련, 통증 완화 작용

미르 에센셜 오일 Myrrh essential oil

항균, 항바이러스, 항염 및 진통제 효과. 피부 재생, 피부 영양 공급 및 호르몬 조절, 상처 치료 효과

네롤리 에센셜 오일 Neroli essential oil

항균, 항바이러스, 항진균, 항경련 및 상처 치료 효과. 가려움 완화 및 건조한 피부에 각종 영양분 공급

네틀 Nettles

영양제로 각종 영양분을 공급해주며 항알레르기 및 항경련 작용. 모발 강화 및 혈액 순환 개선에 도움. 가려움 완화, 모발 성장 촉진. 혈액 정화 및 생성. 비타민 C, 철분 풍부

참나무 껍질 Oak bark

땀을 억제, 항균, 항바이러스, 항염 및 수렴 효과, 가려움 완화

귀리 Oats

항염, 항산화 성분 함유, 상처 치료, 피부 진정 및 치료 효과

올리브 오일 Olive oil

항균 및 항염 효과, 피부 보호, 피부에 영양분 공급, 항산화 성분 및 각종 미네랄, 비타민 다량 함유

페퍼민트 에센셜 오일 Peppermint essential oil

항염, 항균, 항바이러스 작용, 상처 치료 효과. 가려움 완화 및 강력한 냉각 및 피지 조절 효과. 혈류 촉진 및 해독 작용

감자 Potatoes

항염 및 해독, 살균 효과. 진정 작용 및 충혈 완화. 칼륨, 비타민 B, C, 칼슘 및 철분 다량 함유

라즈베리 Raspberries

강력한 항산화 및 항염 성분 함유

로즈 앱솔루트 에센셜 오일 Rose absolute essential oil

항균, 항바이러스, 항경련 효과. 진정 작용 및 기분 전환에 도움. 피부의 활기를 증진하여 건강한 안색을 회복하는 데 도움

로즈 오토 에센셜 오일 Rose otto essential oil

항균, 항바이러스, 항경련 효과. 면역 체계 강화. 통증 완화 및 진정 효과. 스트레스 완화 작용. 세포 재생 및 활력 증진, 상처 치료 효과

로즈힙 오일 Rosehip oil

지방산 함유량이 높으며 손상된 피부 조직 재생에 도움. 콜라겐 생성 촉진 및 피지 조절 기능. 보습, 항염 및 상처 치료 효과

로즈마리 에센셜 오일 Rosemary essential oil

항균, 항바이러스 및 피지 조절 효과. 혈류 및 신진대사 촉진

세이지 Sage
항균, 항바이러스 및 살균 효과. 상처 치료 및 땀 억제 작용, 피부 재생 기능

바다소금 Sea salt
살균 효과. 미네랄 함량이 풍부하여 최고의 각질 제거제 역할

시어버터 Shea butter
항염 및 습기 흡수 효과. 보습 효과 탁월, 상처 치료 및 피부 자체 치유 기능을
보조. 습진 및 상처, 흉터 치료에 도움

해바라기씨 Sunflower seeds
비타민 A, B, E 등 각종 비타민 및 몸에 이로운 지방산 함유

타마누 오일 Tamanu oil
상처 치료 효과 및 새로운 피부 조직 생성 증진. 항염, 항산화, 항균 성분 함
유. 비타민 E 풍부

티트리 에센셜 오일 Tea tree essential oil
항균, 항진균, 항바이러스, 항염 효과. 피부 재생 및 땀 억제 작용. 통증 완화,
혈류 촉진, 상처 치료 및 가려움 완화. 면역 체계 강화

타임 Thyme
항균, 항바이러스 및 살균 효과. 상처 치료 및 통증 완화. 혈류 촉진, 면역 체
계 강화

강황 Turmeric
항균 및 항염, 상처 치료 기능

식물성 글리세린 Vegetable glycerin
수분 공급 및 유화 작용

이스트 Yeast
각종 미네랄과 미량 원소 및 비타민 함유

용어 설명

앱솔루트 오일 : 용매 추출을 통해 식물에서 얻어낸 오일 혼합물

진통제 : 통증 완화제

항미생물 : 미생물 성장 차단 및 억제

항산화 물질 : 세포막, DNA 및 기타 세포의 고분자 물질이 산화되는 것을 방지하는 성분. 세포 자체의 항산화 체계가 활성산소의 활동보다 더 활발히 작동하도록 함

항경련 : 근육 경련 완화

수렴 작용 : 얇은 막의 수축을 통한 피부 보호

카테킨 : 항진균, 항균 및 항암 작용을 하는 특정 플라보노이드

유화제 : 혼합되지 않는 두 액체를 잘 섞이게 하는 물질

에센셜 오일 : 수증기 추출법을 통해 식물에서 얻어낸 오일 혼합물

플라보노이드 : 식물 영양소, 또는 폴리페놀의 하위 집단. 일부는 항알레르기 및 항염, 항산화 및 항미생물 효과

살균제 : 각종 균의 번식을 억제

폴리페놀 : 식물에서 다량으로 발견되는 식물 영양소, 또는 신진대사에 필요한 부수 물질. 일부는 항알레르기, 항염, 항진균, 항균, 항산화, 항미생물, 항암 작용

피지 : 피지샘에서 나오는 기름진 분비물

증상별 관리법 색인

색인

All Natural Beauty by Karin Berndl and Nici Hofer
Text © Karin Berndl and Nici Hofer
Photography © Karin Berndl and Nici Hofer
First published in the United Kingdom by Hardie Grant in 2016
All rights reserved.
Korean translation copyright © 2017 SUNGANBOOKS an imprint
of SUNGANDANG
Korean translation rights are arranged with Hardie Grant London
Ltd through AMO Agency.

이 책의 한국어판 저작권은 AMO 에이전시를 통해 저작권자와 독점 계약한
성안북스에 있습니다. 저작권법에 의해 한국 내에서 보호를 받는 저작물이므로 무단
전재와 무단 복제를 금합니다.

몸과 마음을 달래는 식물 테라피
내추럴 뷰티 레시피

2017년 4월 10일 1판 1쇄 인쇄
2017년 4월 20일 1판 1쇄 발행
지은이 카린 번델 & 니키 호퍼
감수자 유선옥
옮긴이 최윤영
발행인 최한숙
펴낸곳 BM 성안북스
주소 04032 서울시 마포구 양화로 127 첨단빌딩 5층(출판기획 R&D 센터)
　　　 10881 경기도 파주시 문발로 112 출판문화정보산업단지(제작 및 물류)
전화 02)3142-0036
　　　 031)950-6386
팩스 031)950-6388
등록 1978.9.18 제406-1978-000001호
출판사 홈페이지 www.cyber.co.kr
이메일 문의 sunganbooks@naver.com
ISBN 978-89-7067-326-4 (13590)
정가 15,000원

이 책을 만든 사람들
진행 전희경
디자인 앤미디어
　　　 Illust Created by Freepik
홍보 박연주
마케팅 구본철, 차정욱, 나진호, 이동후, 강호묵
제작 김유석